トコトン算数

小学4年の文章題ドリル

文英堂

この本の組み立てと使い方

1 ～ 44	▶練習問題で，1回分は2ページです。おちついて，問題をといていきましょう。
問題	▶文章題のとき方を説明するための問題です。
考え方	▶文章題のとき方が，くわしく書かれています。しっかり読んで，考え方を身につけましょう。
答え	▶ 問題 の答えです。

文章題で考える力をのばそう！

この本は，文章題をとくためのきほんとなる**考える力がしっかり身につく**ように考えて作られています。文章をよく読んで，式をつくり，答えを出しましょう。

学習計画を立てよう！

1回分は見開き2ページで，44回分あります。無理のない計画を立て，**学習する習かんを身につけましょう。**

答え合わせをして，まちがい直しをしよう！

1回分が終わったら答え合わせをして，**まちがった問題はもう一度**やり直しましょう。まちがったままにしておくと，何度も同じまちがいをしてしまいます。**どういうまちがいをしたかを知ることが考える力をアップさせるポイント**です。

得点を記録しよう！

この本の後ろにある「**学習の記録**」に得点を記録しましょう。そして，**自分の苦手なところを見つけ，それをなくすように**がんばりましょう。

「トライ！」を読んで，より深く考える力をのばそう！

「方じん算にトライ！」「まほうじんにトライ！」で，より深く考える力をのばし，**どのような問題でもとくことができる力を身につけましょう。**

もくじ

1 大きな数 ─①

問題 4216580456469Oについて，次の問いに答えましょう。

(1) 1は，何の位の数ですか。

(2) 一兆の位の数は何ですか。

考え方 大きな数を読むときには，右から4けたごとに区切り，区切りのところに，右から**万**，**億**，**兆**を入れます。

(1) 1は千億の位の数です。

(2) 一兆の位の数は2です。

42|1658|0456|4690
兆 億 万

答え (1) 千億の位 (2) 2

3860154277213095について，次の問いに答えましょう。

[1問 8点]

(1) 4は何の位の数ですか。

(2) 8は何の位の数ですか。

(3) 千億の位の数は何ですか。

(4) 一番上の位は何の位ですか。

(5) 3860154277213095の読み方を漢字で書きましょう。

勉強した日　月　日

時間 20分　合かく点 80点　答え 別さつ3ページ

得点　点

色をぬろう 60 80 100

次の数の読み方を，漢字で書きましょう。　[1問　10点]

(1) 27156203489

(2) 305286445240786

3 次の数を，数字で書きましょう。　[1問　10点]

(1) 三十五億四千七十五万三千二百九十五

(2) 二十兆三十億五百万七

4 次の数を，数字で書きましょう。　[1問　10点]

(1) 百億を３こ，一億を７こ合わせた数

(2) 一兆を８こ，十億を９こ，百万を７こ合わせた数

2 大きな数 ―― ②

問題 1575円のくつを10足買います。代金はいくらでしょう。

考え方 1575×10を計算します。

10倍した答えは，かけられる数のうしろに0を1こつけた数です。

したがって，

1575×10＝15750

となります。

100倍した答えは，かけられる数のうしろに0を2こつけた数です。

また，わられる数の一の位が0である数を10でわった答えは，わられる数の一の位の0をとった数です。

答え 15750円

1 ある店で，31290円の商品が10こ売れました。売り上げはいくらでしょう。 ［20点］

式

答え

2 100人で遠足に行きました。テーマパークの入場料は，1人あたり1900円です。100人分ではいくらになるでしょう。 ［20点］

式

答え

勉強した日　月　日

時間 20分　合かく点 80点　答え 別さつ3ページ　得点　点　色をぬろう 60 80 100

3 12mのテープを10等分(とうぶん)します。1人分は何(なん)cmになるでしょう。　[20点]

式(しき)

答(こた)え

4 0，0，1，4，7の数字(すうじ)が書(か)かれている5まいのカードがあります。このカードをならべかえてできる5けたの数のうち，一番(いちばん)小さい数は何ですか。　[20点]

答え

5 0，3，5，7，9の数字が書かれている5まいのカードがあります。このカードをならべかえてできる5けたの数のうち，二番目に大きい数は何ですか。　[20点]

答え

3 角 ── ①

問題 右の図で，角アと角イの角の大きさは何度ですか。

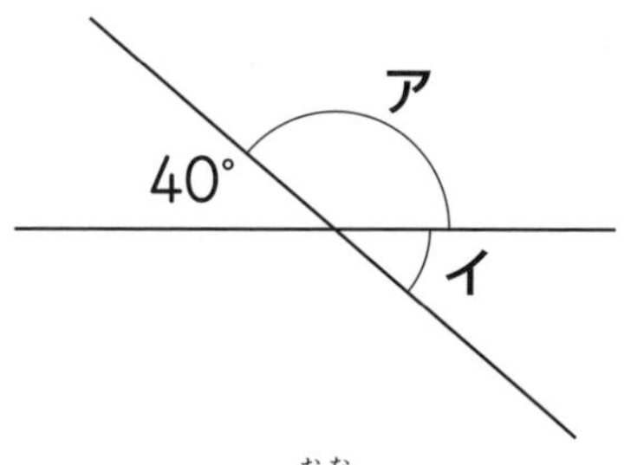

考え方 1回転の角は360°，半回転の角は180°です。
また，2本の直線が交わるときにできる4つの角のうち，向かい合わせにある角の大きさは同じです。
角アは，180°−40°＝140°

答え 角アは140°，角イは40°

1 次の図で，アからクの角の大きさは何度ですか。 [1問 5点]

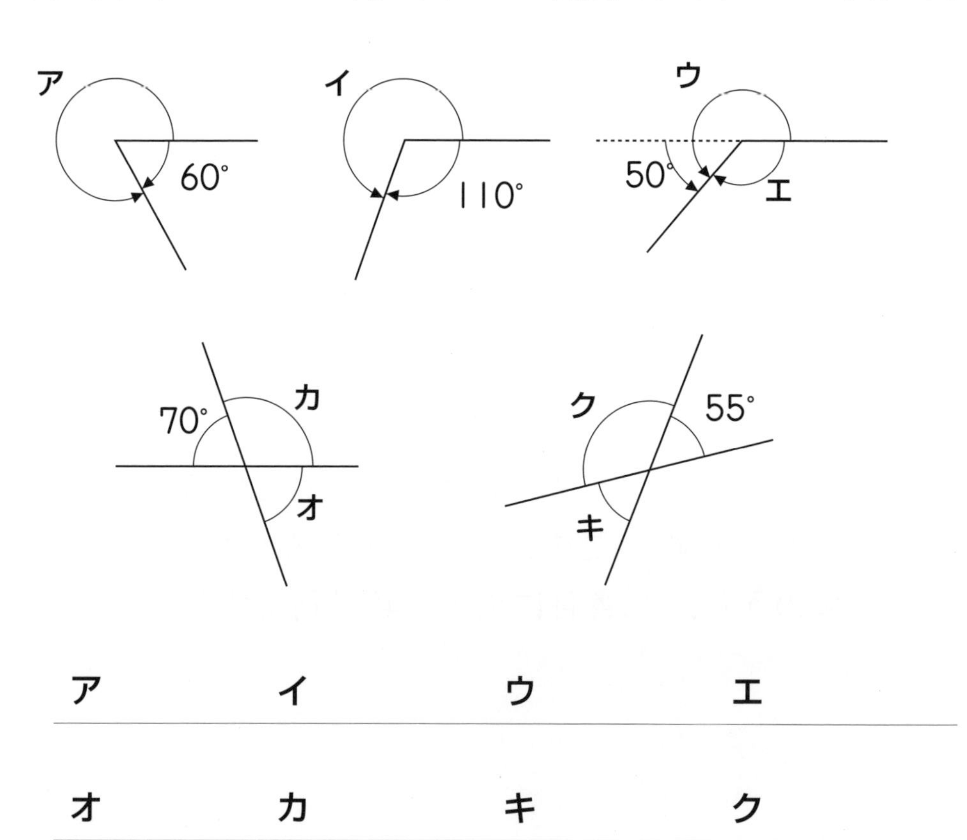

ア	イ	ウ	エ
オ	カ	キ	ク

勉強した日　　月　　日

時間 20分　合かく点 80点　答え 別さつ 4ページ

得点　　点

色をぬろう 60 80 100

2 長方形の４つの角の和は何度になりますか。 [20点]

式

答え

3 三角じょうぎを６まい，右の図のようにならべると，長方形になります。この図から，三角じょうぎの，**ア**の角の大きさを求めましょう。 [20点]

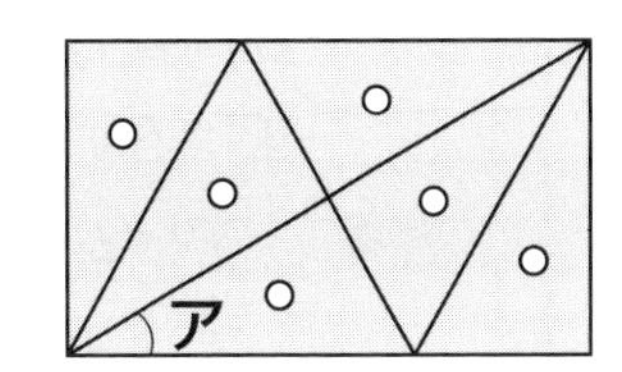

式

答え

4 三角じょうぎを２まい，右の図のようにならべると，正三角形になります。この図から，正三角形の１つの角の大きさを求めましょう。 [20点]

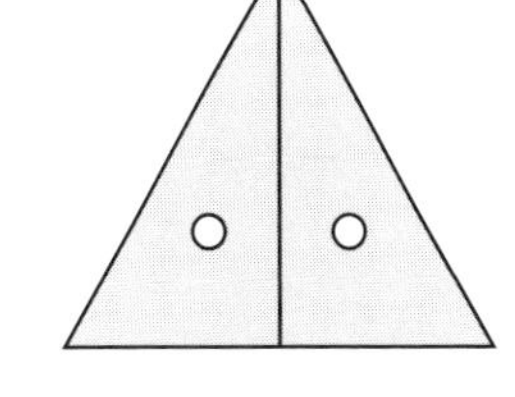

式

答え

角――②

問題 図の三角じょうぎの角の大きさを求めましょう。

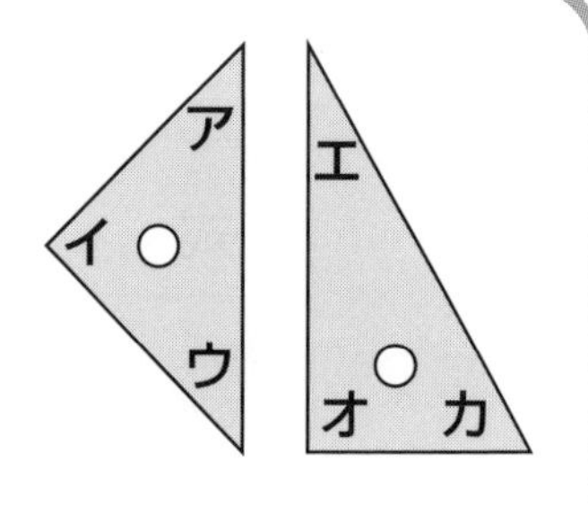

考え方 左の三角じょうぎは，正方形を半分にした**直角二等辺三角形**で，

イは直角で90°，

アと**ウ**は直角の半分で45°

右の三角じょうぎは，正三角形を半分にした直角三角形で，

オは直角で90°，**カ**は60°，

エは60°の半分で30°

答え **ア**は45°，**イ**は90°，**ウ**は45°，

エは30°，**オ**は90°，**カ**は60°

1 次の図で，アからカの角の大きさは何度ですか。 ［1問　5点］

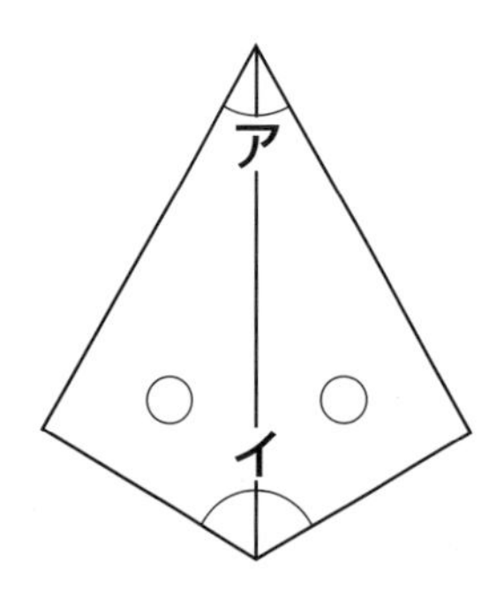

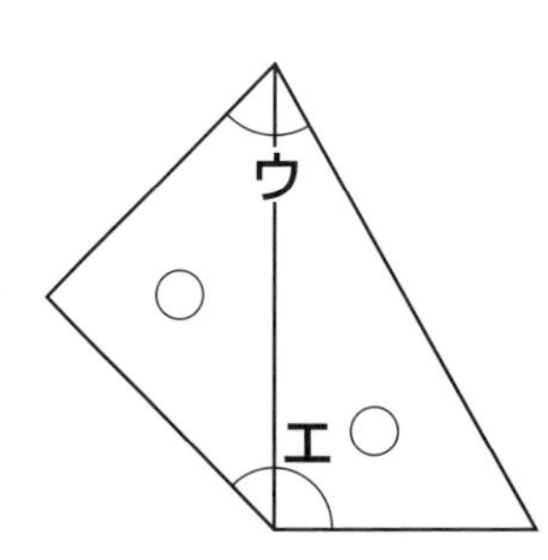

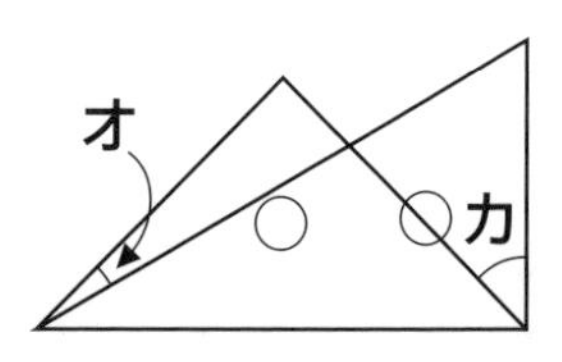

ア　　　イ　　　ウ

エ　　　オ　　　カ

勉強した日　　月　　日

時間 20分　合かく点 80点　答え 別さつ4ページ

得点　　点

色をぬろう 60 80 100

2 時計の長いはりが，次の時間にまわる角の大きさは何度でしょう。

[(1) 10点，(2)～(6) 1問 12点]

(1) 30分

(2) 15分

(3) 5分

(4) 1分

(5) 12分

(6) 34分

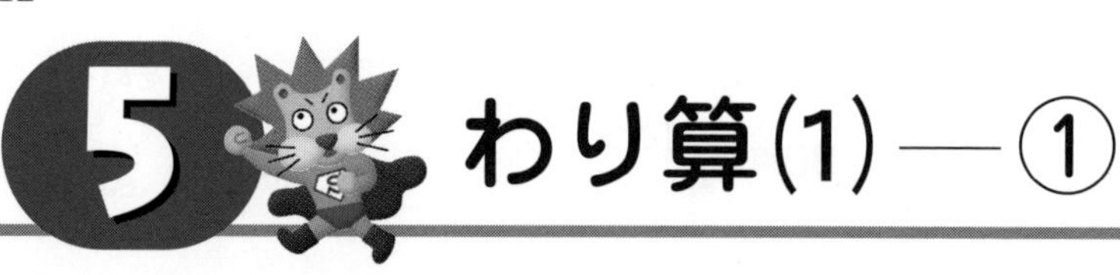

5 わり算(1) ── ①

問題 84本のえんぴつを7人で同じ数ずつ分けると，1人分は何本になりますか。

考え方 全体の数が84で，7等分だから，

84÷7

を計算します。筆算で計算すると，右のようになり，

84÷7＝12

となります。

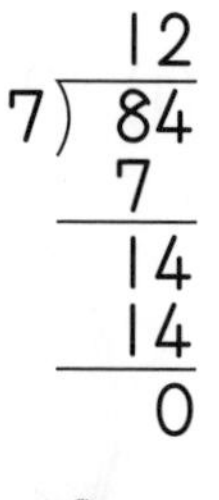

答え 12本

1 72人を，同じ人数ずつ4列にならばせます。1列は何人になりますか。 ［20点］

式

答え

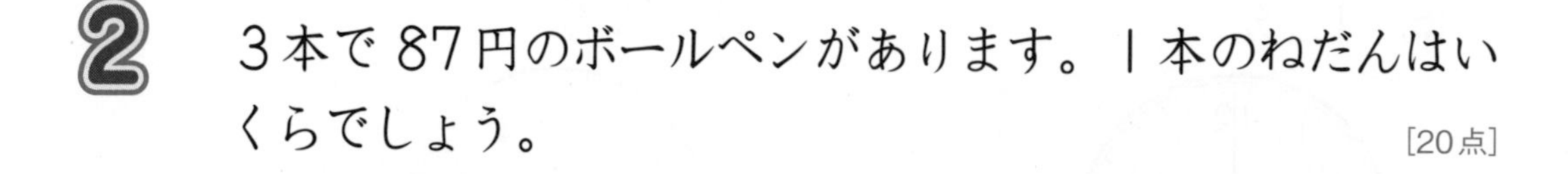

2 3本で87円のボールペンがあります。1本のねだんはいくらでしょう。 ［20点］

式

答え

勉強した日　月　日

時間 20分　合かく点 80点　答え 別さつ5ページ

得点　点

色をぬろう 60 80 100

3 86cm のテープがあります。これを 6cm ずつ切っていくと，6cm のテープは何本できますか。また，何 cm あまりますか。 ［20点］

式

答え

4 ゆうこさんは，おはじきを 75 こ持っています。これは，妹の 5 倍になります。妹は何こ持っているでしょう。 ［20点］

式

答え

5 内がわの長さが 55cm の本立てがあります。この本立てに，あつさ 3cm の本は何さつはいりますか。 ［20点］

式

答え

6 わり算(1)—②

1 リボンを 7m 買(か)うと，588円でした。このリボン 1mのねだんはいくらですか。 [15点]

式(しき)

答(こた)え

2 2L入りのペットボトルのジュースが，5本で 990円でした。1本のねだんはいくらでしょう。 [15点]

式

答え

3 色紙(いろがみ)が 400まいあります。1人に 6まいずつ分(わ)けると何(なん)人(にん)に分けることができますか。また，何まいあまりますか。 [15点]

式

答え

勉強した日　月　日

時間 20分　合かく点 80点　答え 別さつ5ページ

得点　点　色をぬろう 60 80 100

4 5m7cm のテープから 9cm のテープは何本切り取ることができますか。また，何 cm あまりますか。 [15点]

式

答え

5 12色入りの色えんぴつのねだんは 474 円です。これは，ノート 1 さつのねだんの 6 倍です。ノート 1 さつのねだんはいくらでしょう。 [20点]

式

答え

6 315 人の人が，4 人がけの長いすにすわるとき，長いすはぜんぶで何きゃくいるでしょう。 [20点]

式

答え

7 わり算(1)—③

問題 79をある数でわると，商が9であまりが7でした。ある数はいくつですか。

考え方 7あまるから，わられる数の79からあまりの7をひくと，わり切れます。つまり，ある数を□とすると，

(79－7)÷□＝9

これより，72÷□＝9となり，□にあてはまる数は，

□＝72÷9＝8

答え 8

1 ある数を7でわると，商が29，あまりが5になりました。ある数はいくつでしょう。 [20点]

式

答え

2 57をある数でわると，商が7，あまりが1になりました。ある数はいくつでしょう。 [20点]

式

答え

勉強した日　月　日

時間 20分　合かく点 80点　答え 別さつ6ページ　得点　点　色をぬろう 60 80 100

3 色紙が 500 まいあります。 そのうちの 180 まいはお母さんの分で，残りを 4 人で同じ数ずつ分けます。1 人分は何まいになるでしょう。 [20点]

式

答え

4 みかんが 400 こありました。1 人に 6 こずつ配っていくと，52 こ残りました。何人に配ったでしょう。 [20点]

式

答え

5 長さ 4m の鉄のパイプがあり，重さは 6 本で 96kg でした。このパイプ 1 本の重さは何 kg でしょう。また，1m の重さは何 kg でしょう。 [20点]

式

答え

8 垂直・平行と四角形 ― ①

問題 右の図は，2本の平行な直線と，それらとななめに交わる直線をひいたものです。アとイの角度はそれぞれ何度ですか。

考え方 平行な直線は，他の直線と等しい角度で交わります。

アは，180° − 130° = 50° です。

答え アは50°，イは130°

1 次の図では，平行な2直線にもう1本の直線が交わっています。アからクの角度は，それぞれ何度ですか。 ［1問 5点］

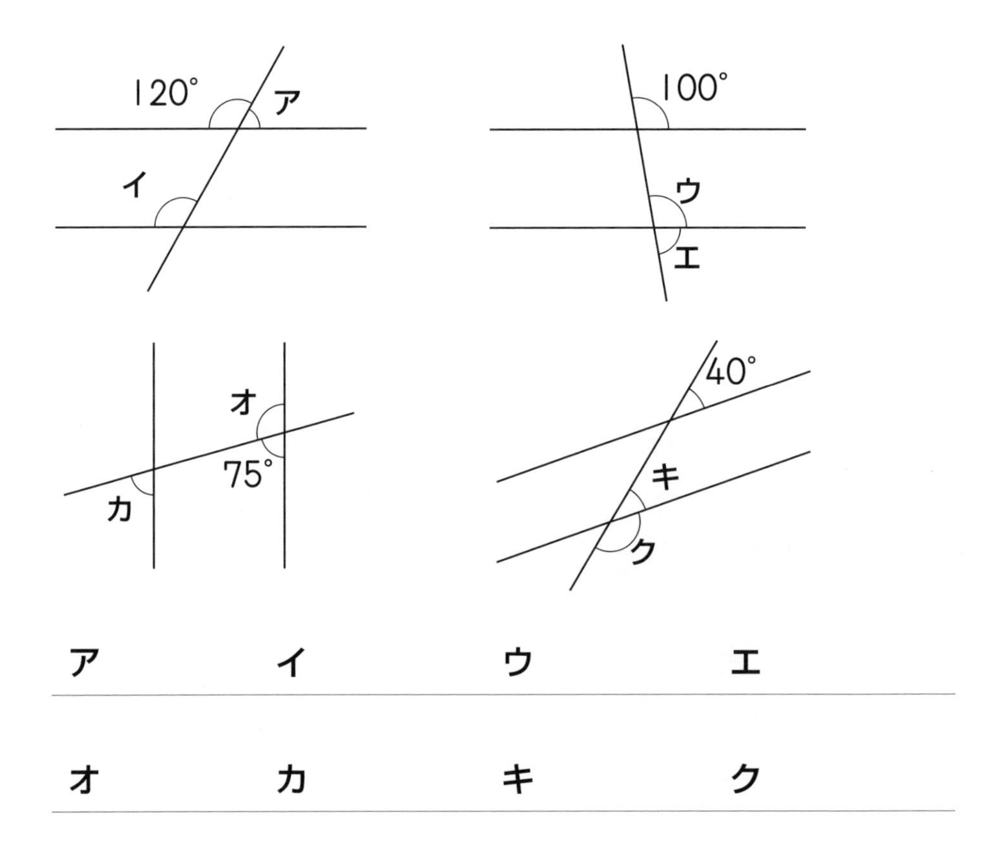

ア　　イ　　ウ　　エ

オ　　カ　　キ　　ク

勉強した日　　月　　日

時間 20分　合かく点 80点　答え 別さつ7ページ

得点　　点　色をぬろう 60 80 100

方眼にかかれた右の図について，次の問いに答えましょう。

［1問　10点］

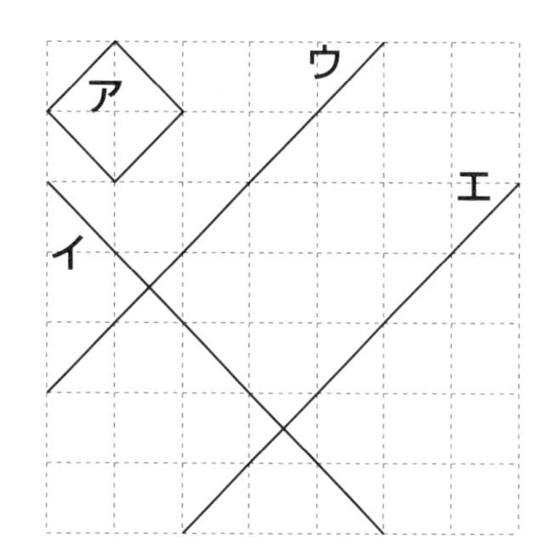

(1) アは，何という四角形ですか。

(2) 直線ウに平行な直線はどれですか。

(3) 直線エに垂直な直線はどれですか。

3 方眼にかかれた右の図について，次の問いに答えましょう。

［1問　10点］

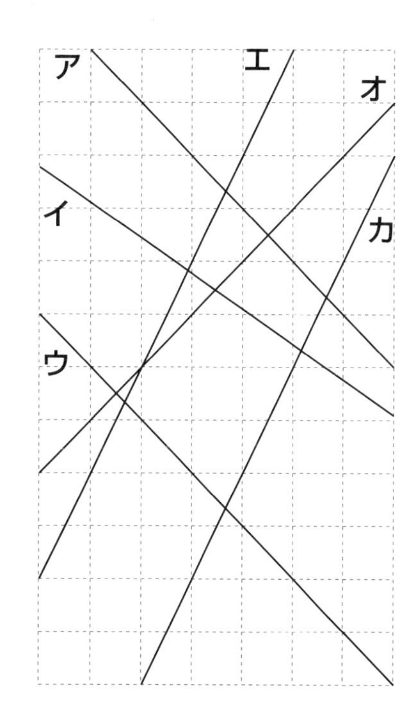

(1) 直線アに平行な直線はどれですか。

(2) 直線カに平行な直線はどれですか。

(3) 直線ウに垂直な直線はどれですか。

9 垂直・平行と四角形 ―― ②

問題　次の四角形のうち，平行四辺形はどれですか。

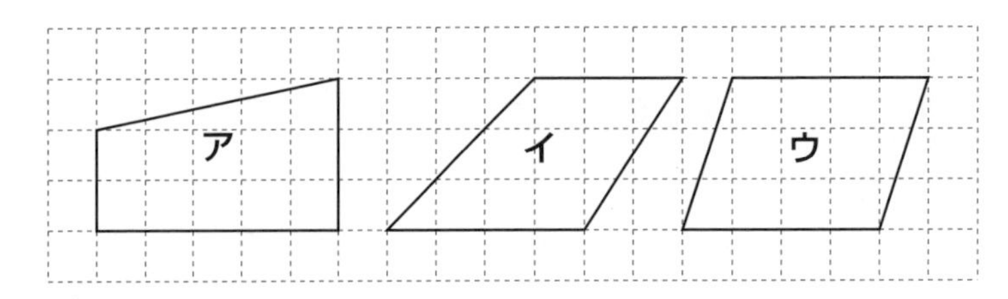

考え方　向かい合った１組の辺が平行な四角形を**台形**といいます。
向かい合った２組の辺が平行な四角形を**平行四辺形**といいます。
平行四辺形では，向かい合った辺の長さは等しく，向かい合った角の大きさも等しいです。

答え　ウ

方眼にかかれた次の四角形のうち，台形と平行四辺形をすべて選び，記号で答えましょう。 [40点]

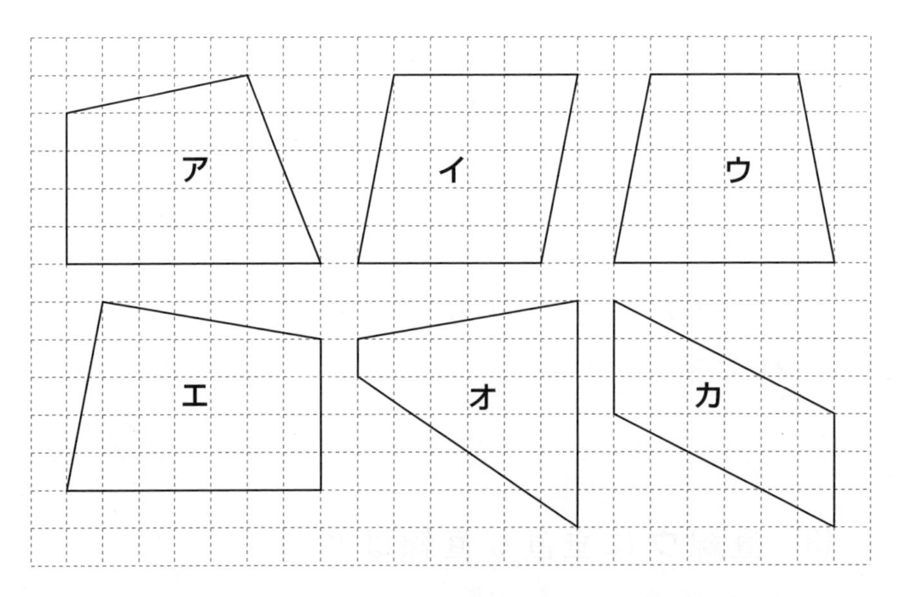

台形　　　　　　平行四辺形

勉強した日　　月　　日

時間 20分　合かく点 80点　答え 別さつ7ページ

得点　　点　色をぬろう 60 80 100

2 次の図の平行四辺形について，辺の長さや角の大きさを求めましょう。

［1問　20点］

(1)

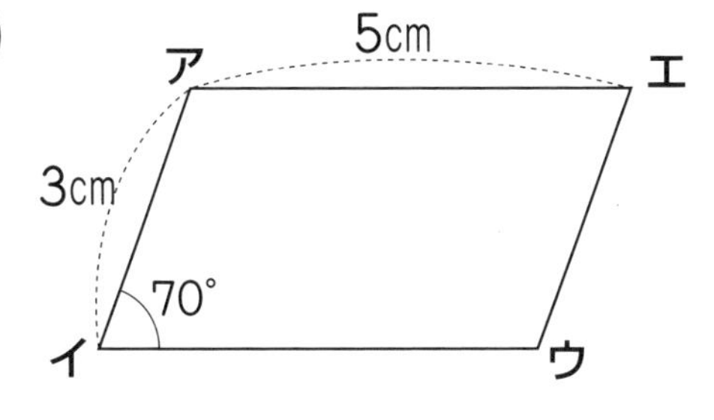

辺イウ

辺ウエ

角エ

角ア

(2)

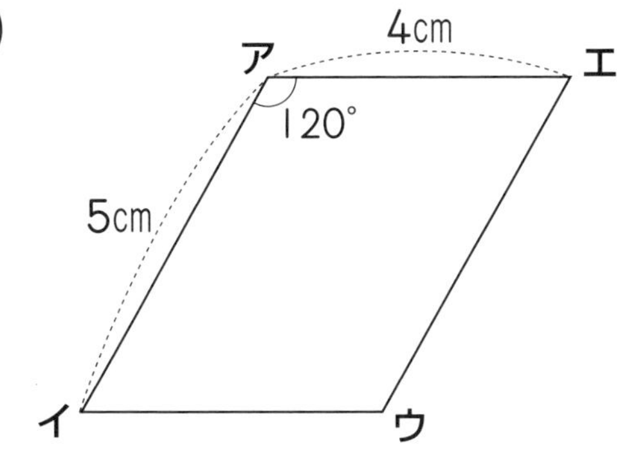

辺イウ

辺ウエ

角ウ

角エ

(3)

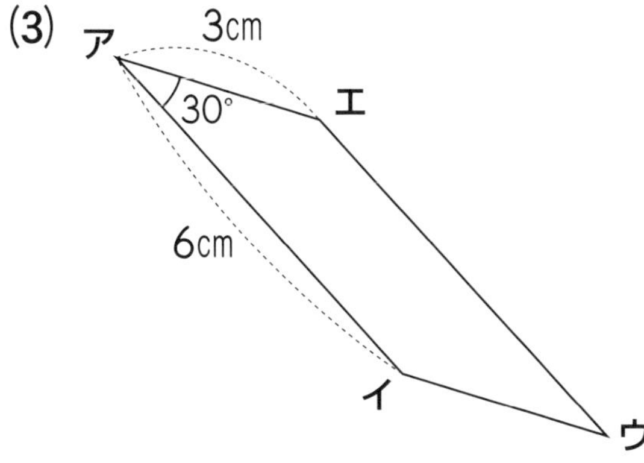

辺イウ

辺ウエ

角ウ

角エ

10 垂直・平行と四角形 ― ③

問題 1辺の長さが5cmのひし形のまわりの長さは何cmでしょう。

5cm

考え方 4つの辺の長さがすべて等しい四角形を**ひし形**といいます。

まわりの長さは，5×4＝20(cm)

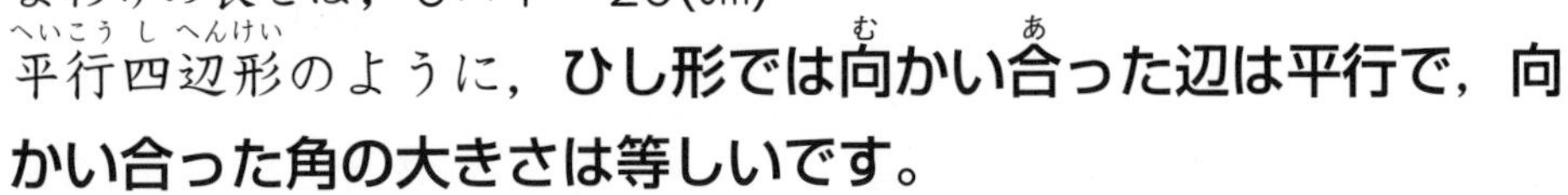

平行四辺形のように，**ひし形では向かい合った辺は平行で，向かい合った角の大きさは等しいです。**

答え 20cm

1 図のひし形について，次の問いに答えなさい。 ［1問 8点］

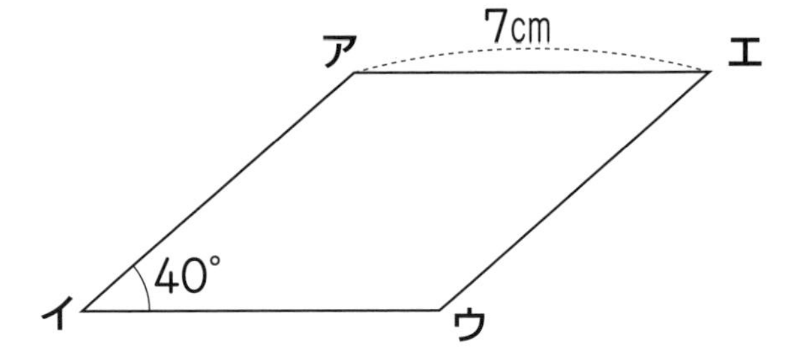

(1) 角**エ**は何度ですか。

(2) 角**ア**は何度ですか。

(3) 辺**ウエ**は何cmですか。

(4) **ア**と**ウ**を結んでできる三角形**アイウ**は，どんな三角形ですか。

(5) このひし形のまわりの長さは何cmですか。

勉強した日　月　日

時間 20分　合かく点 80点　答え 別さつ7ページ

得点　点

色をぬろう 60 80 100

2

まわりの長さが24cmであるひし形があります。このひし形の1辺の長さは何cmですか。 [20点]

式

答え

3

次の四角形の名前を答えましょう。 [1問 8点]

(1) 平行四辺形のうち，1つの角が直角である四角形

(2) ひし形のうち，1つの角が直角である四角形

(3) 平行四辺形のうち，となり合う2辺の長さが等しい四角形

(4) 長方形のうち，となり合う2辺の長さが等しい四角形

(5) 長方形の辺の真ん中の点を結んでできる四角形

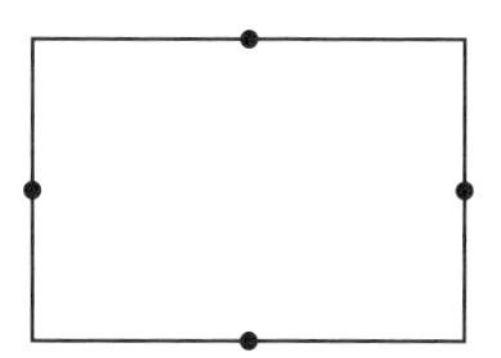

11 折れ線グラフ —①

1時間ごとに気温をはかって，折れ線グラフにまとめました。

［1問　10点］

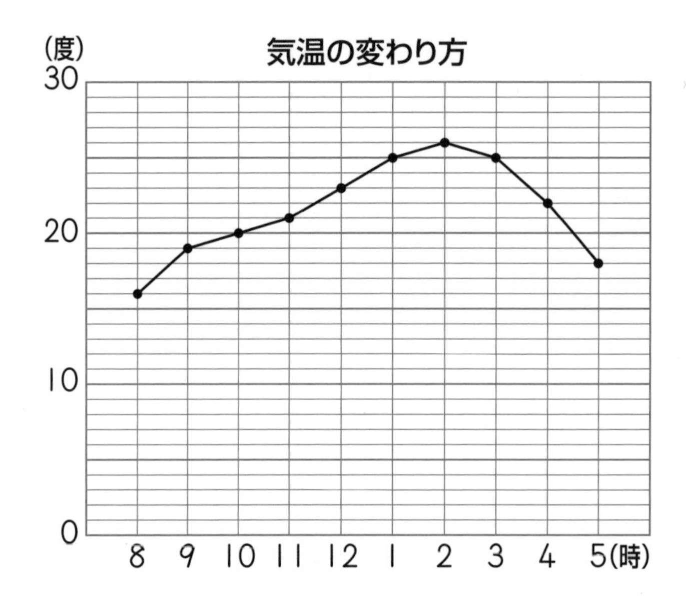

(1) 午前9時の気温は何度ですか。

(2) 一番気温が高かったのは何時ですか。

(3) 午前10時から11時までの1時間で気温は何度上がりましたか。

(4) 1時間でもっとも気温が上がったのは何時から何時の間ですか。

(5) 午前11時30分の気温は何度と考えられますか。

勉強した日　　月　　日

時間 20分　合かく点 80点　答え 別さつ8ページ

得点　　点

色をぬろう 60 80 100

2 やかんでお湯をわかすとき，１分ごとに温度をはかって表にしました。

［1問　10点］

時　間(分)	0	1	2	3	4	5	6	7	8
温　度(度)	16	28	49	72	87	97	100	100	100

(1) わかす前の水の温度は何度でしょう。

(2) 上の表をもとに，折れ線グラフをかきましょう。

(3) １分間の温度の変わり方がもっとも大きかったのは，何分から何分までの間ですか。グラフを見て答えましょう。

(4) 温度が変わらないのは何分からですか。

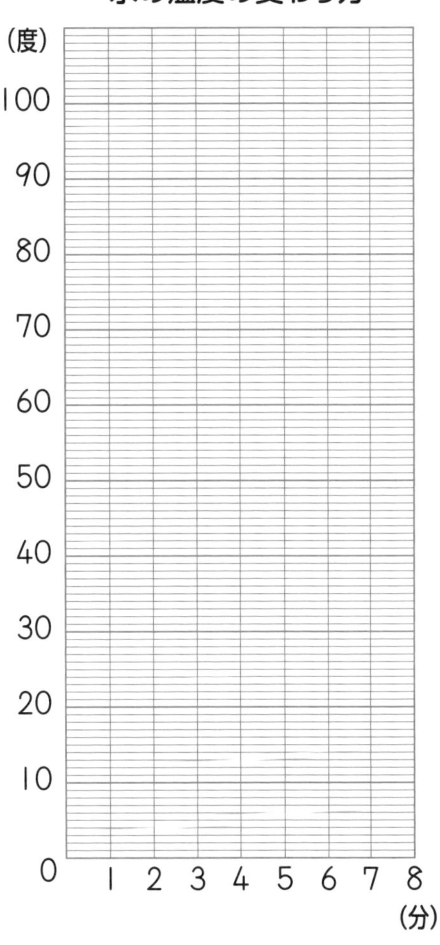

(5) グラフから，水の温度は何度までしか上がらないと考えられますか。

折れ線グラフ——②

1

1時間ごとに気温とプールの水温をはかって，折れ線グラフにまとめました。

［1問　10点］

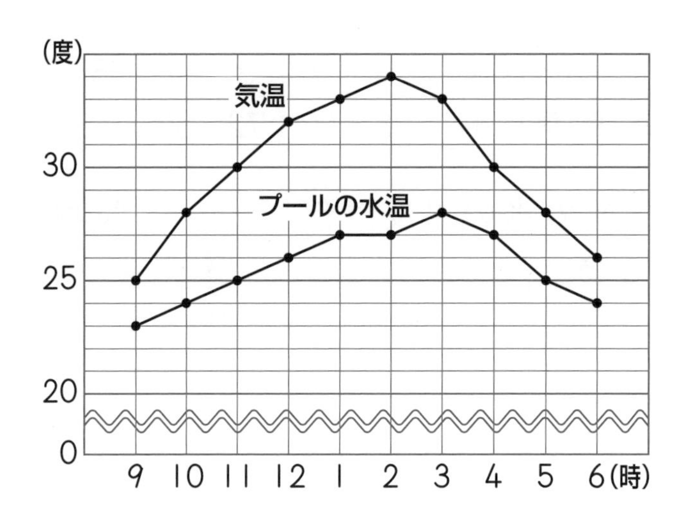

(1) 午後1時のプールの水温は何度ですか。

(2) 午前10時30分の気温は，何度と考えられますか。

(3) 午後1時の気温とプールの水温のちがいは何度ですか。

(4) 気温と水温がもっともちがうのは何時で，ちがいは何度ですか。

(5) 気温と水温では，どちらが変わりやすいと考えられますか。

勉強した日　　月　　日　　時間 20分　合かく点 80点　答え 別さつ9ページ　得点　　点　色をぬろう ☆60 ☆80 ☆100

2 庭に長さ１ｍのぼうを立て，１時間ごとにぼうのかげの長さをはかって表にまとめました。

［1問　10点］

時こく(時)	9	10	11	12	1	2	3
長　さ(cm)	160	116	94	89	98	124	176

(1) 上の表をもとに，折れ線グラフをかきましょう。

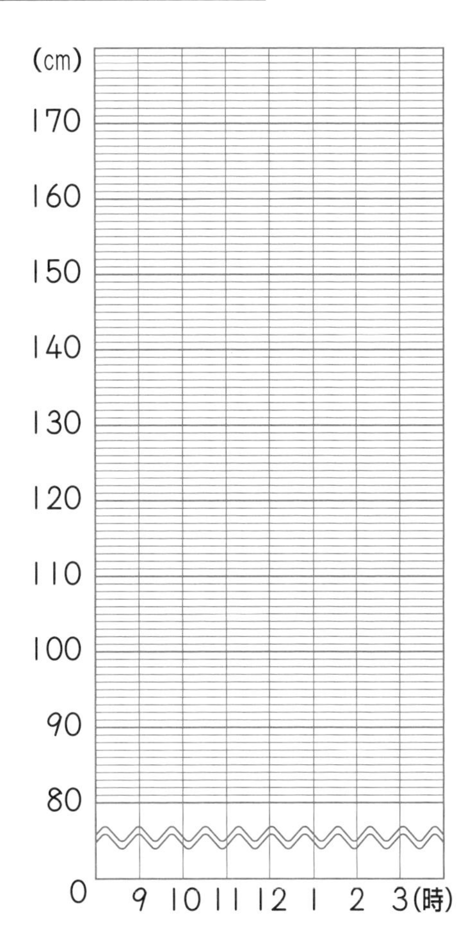

(2) ぼうのかげが一番短いのは何時ですか。

(3) かげの長さがぼうの長さより長くなることはありますか。

(4) １時間での長さのふえ方がもっとも大きかったのは，何時から何時までの間ですか。また，その１時間で何cm長くなりましたか。

(5) かげの長さは，時こくとともに，どのように変わっていきますか。グラフを見て答えましょう。

小数 — ①

問題 5km428mを，kmを単位として小数で表しましょう。

考え方 0.1を10等分した1つ分を0.01とかき，**れい点れいー**と読みます。また0.01を10等分した1つ分を0.001とかき，**れい点れいれいー**と読みます。

5km428mは，1kmを5こ，100m＝0.1kmを4こ，10m＝0.01kmを2こ，1m＝0.001kmを8こ合わせた数で，5.428kmです。

5	4 2 8
km	m

答え 5.428km

1 次の問いに答えましょう。

［1問　6点］

(1) 3.145の，小数第2位の数は何ですか。

(2) 4.126の，小数第3位の数は何ですか。

(3) 1を7こ，0.1を4こ，0.01を8こ，0.001を6こ合わせた数は，いくつですか。

(4) 3.14は，0.01を何こ集めた数ですか。

(5) 2.017は，0.001を何こ集めた数ですか。

勉強した日　　月　　日

時間 20分　合かく点 80点　答え 別さつ10ページ

得点　　点

色をぬろう 60 80 100

2 次の2つの数の大小を，不等号(<，>)を用いて表しましょう。

［1問　10点］

(1) 2.85と2.58　　(2) 0.121と0.13

3 小数を用いて，(　)内の単位で表しましょう。

［1問　5点］

(1) 2m35cm (m)　　(2) 7km8m (km)

(3) 1L500mL (L)　　(4) 2L73mL (L)

(5) 4kg78g (kg)　　(6) 5kg9g (kg)

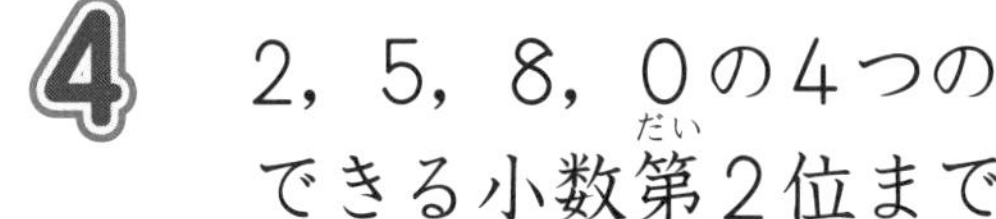

4 2，5，8，0の4つの数を，□□.□□の□にあてはめてできる小数第2位までの小数で，一番大きいものと，一番小さいものを答えましょう。

［20点］

一番大きいもの ________

一番小さいもの ________

14 小数 ─ ②

問題 赤いテープは2.53m，青いテープは1.24mです。2つのテープの長さを合わせると何mですか。また，ちがいは何mですか。

考え方 2.53m＋1.24m＝3.77m　2.53m－1.24m＝1.29m

となります。筆算で計算するときは，小数点の位置をそろえてたてにならべて，整数の筆算と同じように計算し，小数点を打ちます。

$$\begin{array}{r} 2.53 \\ +1.24 \\ \hline 3.77 \end{array} \qquad \begin{array}{r} 2.53 \\ -1.24 \\ \hline 1.29 \end{array}$$

答え 合わせると3.77m，ちがいは1.29m

1 家から公園までは1.27km，公園から駅までは2.59kmです。家から公園を通って駅までの道のりは何kmでしょう。 [20点]

式

答え

2 みかんがたくさんはいっている箱の重さをはかると，4.5kgでした。箱だけの重さが0.12kgであるとき，箱の中のみかんの重さは何kgでしょう。 [20点]

式

答え

勉強した日　月　日　時間 20分　合かく点 80点　答え 別さつ10ページ　得点　点　色をぬろう 60 80 100

3 走りはばとびを2回しました。1回目は2.75m，2回目は3.35mでした。2回目は1回目より何m多くとんだでしょう。［20点］

式

答え

4 ジュースが，大きいびんに1.204L，小さいびんに0.759Lあります。合わせて何Lあるでしょう。［20点］

式

答え

5 ポットにお湯が1.86Lはいっていました。そのうちの1.39Lを使ったので，水を2.22L入れてお湯をわかしました。ポットにはいっているお湯は何Lでしょう。［20点］

式

答え

わり算(2)—①

1 えんぴつが120本あります。40人で同じ数ずつ分けると，1人分は何本になりますか。 [15点]

式

答え

2 色紙が300まいあります。1人に40まいずつ分けると，何人に分けることができますか。また，何まいあまりますか。 [15点]

式

答え

3 378円持っています。1本70円のジュースは何本買えますか。また，何円あまりますか。 [15点]

式

答え

勉強した日　月　日

時間 20分　合かく点 80点　答え 別さつ 11ページ

得点　点

色をぬろう 60 80 100

4 おはじきが 96 こあります。1 人に 23 こずつ分(わ)けると，何人(なんにん)に分けられますか。また，何こあまりますか。 [15点]

式(しき)

答(こた)え

5 長(なが)さ 3m48cm のテープから，長さ 26cm のテープは何本切(き)り取(と)ることができますか。また，何 cm あまりますか。

[20点]

式

答え

6 ある自動車(じどうしゃ)は，648km を走(はし)るのに，ガソリンを 54L 使(つか)いました。この自動車は，1L のガソリンで何 km 走るでしょう。 [20点]

式

答え

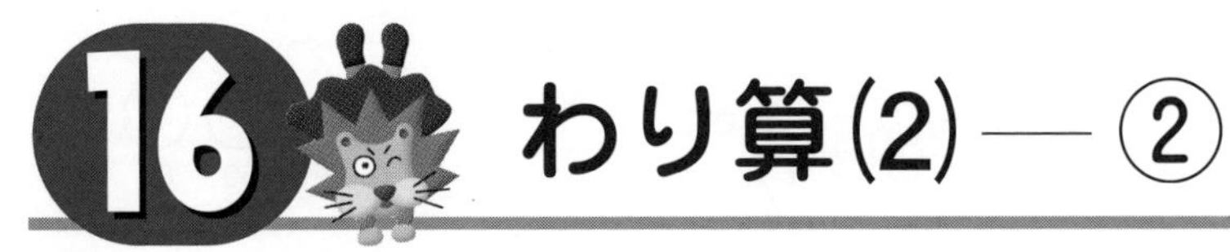

16 わり算(2)——②

1 体重(たいじゅう)をはかると，かつみくんは26kg，お父(とう)さんは78kgでした。お父さんの体重は，かつみくんの体重の何倍(なんばい)ですか。

［15点］

式(しき)

答(こた)え

2 物語(ものがたり)の本は288ページ，科学(かがく)の本は72ページです。物語の本のページ数(すう)は，科学の本のページ数の何倍ですか。

［15点］

式

答え

3 えんぴつが204本あります。これは，何ダースですか。

［15点］

式

答え

勉強した日　月　日

時間 20分　合かく点 80点　答え 別さつ11ページ

得点　点

色をぬろう 60 80 100

4

リボンを15m買(か)うと，945円でした。このリボン1mのねだんはいくらでしょう。 [15点]

式(しき)

答(こた)え

5

お米(こめ)が987kgあります。これを47人で同(おな)じ重(おも)さに分(わ)けます。1人分は何(なん)kgでしょう。 [20点]

式

答え

6

224ページの本を2週間(しゅうかん)で読(よ)みます。1日に何ページずつ読めばよいでしょう。 [20点]

式

答え

1 256ページの本があります。1日に18ページずつ読んでいくと，何日で読み終わるでしょう。 [15点]

式

答え

2 画用紙を28まい買って200円だすと，おつりは32円でした。画用紙1まいのねだんはいくらでしょう。 [15点]

式

答え

3 893をある数でわると，商が23であまりは19になりました。ある数を求めましょう。 [15点]

式

答え

勉強した日　月　日

時間 20分　合かく点 80点　答え 別さつ12ページ

得点　点

色をぬろう ☆60 ☆80 ☆100

4 同じ大きさの荷物が 867 こあります。これを 64 こずつトラックに積んで運びます。トラックは何台いるでしょう。［15点］

式

答え

5 28 人でつるを 900 羽おります。できるだけ同じ数になるようにするとき，他の人よりも 1 羽多くおる人は，何人になるでしょう。［20点］

式

答え

6 ボールが 400 こあります。これを 24 こずつ箱に入れていくと，何こかあまりました。もう 1 箱つくるには，ボールがあと何こあればよいでしょう。［20点］

式

答え

18 がい数とその計算 ―①

問題 四捨五入して千の位までのがい数で表すと38000になる整数のうち，一番大きい数と一番小さい数を求めましょう。

考え方 一番大きい数は，0から9までの数のうち，四捨五入して切り捨てられる一番大きい数が4だから，百の位が4，つまり，

384□□

という数を考えます。一番大きい数だから，□には9を入れます。
また，一番小さい数は，0から9までの数のうち，四捨五入して切り上げられる一番小さい数が5だから，百の位が5，つまり，

375□□

という数を考えます。一番小さい数だから，□には0を入れます。

答え 一番大きい数は38499，一番小さい数は37500

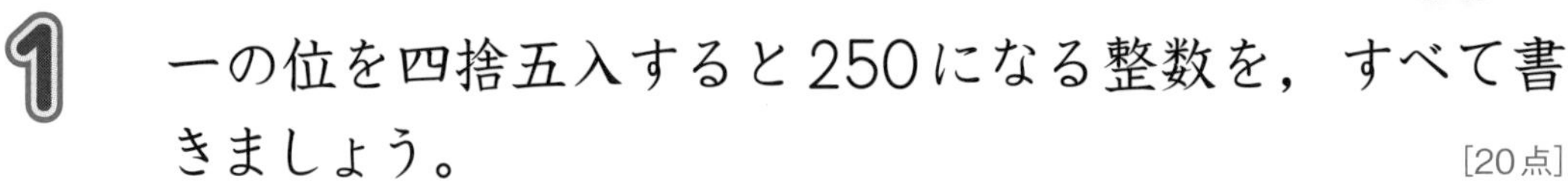

1 一の位を四捨五入すると250になる整数を，すべて書きましょう。 [20点]

答え

2 百の位を四捨五入して54000になる整数のうち，一番大きい数を求めましょう。 [20点]

答え

勉強した日　月　日　時間 20分　合かく点 80点　答え 別さつ13ページ　得点　点　色をぬろう ☆60 ☆80 ☆100

3 四捨五入して上から2けたのがい数にしたとき790000になる整数のうち，一番小さい数を求めましょう。［20点］

答え

4 十の位を四捨五入して65000になる整数のうち，一番小さい数を求めましょう。［20点］

答え

5 百の位を四捨五入して7000になる整数は，何こありますか。［20点］

答え

19 がい数とその計算 ― ②

問題 ある球場の入場者数を調べると，金曜日は28156人，土曜日が48767人でした。2日間の入場者数の合計は，およそ何万何千人でしょう。

考え方 求めようとする位までのがい数にしてから計算します。

28156→28000　　48767→49000

ですから，合計は，

28000＋49000＝77000

答え およそ77000人

1 3540円のくつと1680円のぼうしを買います。代金はおよそいくらでしょう。百の位までのがい数にして求めましょう。 [20点]

式

答え

2 ある美術館の入場者数は，土曜日が12836人，日曜日が15249人でした。日曜日は土曜日よりおよそ何人入場者が多いでしょう。上から2けたのがい数にして求めましょう。 [20点]

式

答え

勉強した日　　月　　日

時間 20分　合かく点 80点　答え 別さつ14ページ　得点　　点　色をぬろう 60 80 100

3 37350円と44820円の商品を買います。合わせて，およそ何万何千円でしょう。 [20点]

式

答え

4 1999年の人口は，京都府が256万1860人，奈良県が144万7496人でした。京都府は奈良県よりおよそ何万人多いでしょう。 [20点]

式

答え

5 高速道路で，東京から京都南までは487.5km，京都南から福岡までは644.2kmです。東京から福岡まではおよそ何kmでしょう。十の位までのがい数にして答えましょう。 [20点]

式

答え

20 がい数とその計算 ――③

問題 ある書店で，1さつ525円の本が1か月に879さつ売れました。売り上げはおよそいくらになるでしょう。上から1けたのがい数にして見積もりましょう。

考え方 上から1けたのがい数にしてから計算します。

525→500　　879→900

ですから，売り上げは，

500×900＝450000

答え およそ450000円

1 1こ714円の商品が，1日で384こ売れました。売り上げはおよそいくらでしょう。上から1けたのがい数にして見積もりましょう。［20点］

式

答え

2 バスで遠足に行きました。参加したのは48人で，バス代は60000円でした。人数を上から1けたのがい数にして，1人分のバス代を見積もりましょう。［20点］

式

答え

勉強した日　月　日

時間 20分　合かく点 80点　答え 別さつ15ページ

得点　点

色をぬろう 60 80 100

3 みゆきさんは，家から公園まで314歩で歩きました。1歩が58cmとすると，家から公園までの道のりは何mでしょう。上から1けたのがい数にして見積もりましょう。

[20点]

式

答え

4 たまご83この重さをはかると，4814gでした。このたまご1この重さはおよそ何gですか。たまごの数は上から1けた，重さは上から2けたのがい数にして見積もりましょう。

[20点]

式

答え

5 整数のかけ算で，4けたの数に3けたの数をかけると，積は何けたになりますか。

[20点]

式

答え

21 式と計算——①

問題 2mのテープから，7cmのテープを24本切り取りました。残りは何cmでしょう。

考え方 式は，200－(7×24)となりますが，**式のなかのかけ算やわり算は，(　)がなくてもたし算やひき算より先に計算する**きまりになっていますから，(　)をはぶくことができます。

200－7×24＝200－168＝32

答え 32cm

1 1まい42円の絵はがきに，50円切手をはって，16人の人に送ります。代金はいくらでしょう。式は1つにまとめましょう。 [20点]

式

答え

2 赤えんぴつを24本，青えんぴつを12本買います。1本のねだんはどちらも53円です。代金はぜんぶでいくらになるでしょう。式は1つにまとめましょう。 [20点]

式

答え

勉強した日　月　日　時間 20分　合かく点 80点　答え 別さつ15ページ　得点　点　色をぬろう 60 80 100

3 １こ75円の消しゴムを１こと，１本35円のえんぴつを７本買いました。代金はいくらでしょう。式は１つにまとめましょう。 [20点]

式

答え

4 男子６人，女子８人で市民プールへ行きました。入場料は１人180円です。みんなの分を合わせると，入場料はいくらになるでしょう。式は１つにまとめましょう。 [20点]

式

答え

5 500mL入りのジュースが５本，350mL入りのジュースが４本あります。ジュースはぜんぶで何mLになりますか。式は１つにまとめましょう。 [20点]

式

答え

式と計算 ― ②

次のア，イ，ウのうち，答えが一番大きいものはどれですか。

［1問　15点］

(1) ア　$7 \times 8 - 4 \div 2$

イ　$7 \times (8 - 4) \div 2$

ウ　$7 \times (8 - 4 \div 2)$

答え ＿＿＿＿＿＿＿＿

(2) ア　$6 \times (12 - 9 \div 3)$

イ　$(6 \times 12 - 9) \div 3$

ウ　$6 \times (12 - 9) \div 3$

答え ＿＿＿＿＿＿＿＿

(3) ア　$12 \times (21 - 18) \div 6$

イ　$(12 \times 21 - 18) \div 6$

ウ　$12 \times (21 - 18 \div 6)$

答え ＿＿＿＿＿＿＿＿

勉強した日　月　日

時間 20分　合かく点 80点　答え 別さつ16ページ

得点　点

色をぬろう 60 80 100

2 はり金で，たて5cm，横7cmの長方形を37こつくります。はり金はぜんぶで何m何cmいりますか。式は1つにまとめましょう。

[15点]

式

答え

3 長さが2m50cmのはり金を切って，1辺の長さが4cmの正方形をつくります。ぜんぶでいくつできるでしょう。また，何cmあまるでしょう。式は1つにまとめましょう。

[20点]

式

答え

4 1周780mのジョギングコースを，毎日4周しています。25日間では何km走ることになるでしょう。式は1つにまとめましょう。

[20点]

式

答え

整理のしかた—①

問題 西町と南町の人で，ボウリング大会をしました。参加したのは西町の人が19人，南町の人が17人で，おとなが11人，子どもが25人です。また，西町のおとなは6人でした。南町の子どもは何人だったでしょう。

考え方 表にまとめると，右のようになります。表の**ア**は，西町の合計からおとなの数をひいて，

　19－6＝13

イは，子どもの合計から**ア**の数をひいて，

　25－13＝12

	西町	南町	合計
おとな	6		11
子ども	ア	イ	25
合計	19	17	

答え 12人

1 北町と東町でハイキングに行きました。参加したのは，北町が35人，東町が37人です。また，おとなは北町と東町を合わせて29人で，東町の子どもは14人でした。これをもとにして，次の表に整理しましょう。 [40点]

	北町	東町	合計
おとな			
子ども			
合計			

勉強した日　月　日

時間 20分　合かく点 80点　答え 別さつ17ページ

得点　点

色をぬろう 60 80 100

2 次のような図形があります。どんな色と形のものが，それぞれいくつずつあるかを調べます。 ［1問　15点］

(1) 青の図形は，ぜんぶでいくつありますか。

(2) 円は，ぜんぶでいくつありますか。

(3) 青い三角形は，いくつありますか。

(4) 下の表にまとめましょう。

	三角形	四角形	円	合計
青				
白				
合計				

24 整理のしかた ― ②

1 右の表は，組で，小鳥と金魚について，かっている人には○，かっていない人には × をつけてもらったものをまとめたものです。 [1問 10点]

番号	小鳥	金魚
1	○	○
2	×	○
3	×	×
4	○	×
5	×	○
6	○	○
7	×	×
8	○	×
9	×	○
10	○	×
11	×	○
12	○	×
13	×	○
14	○	○
15	×	○
16	×	×
17	×	○
18	○	×
19	×	×
20	○	○
21	×	○
22	○	○
23	×	○
24	○	×
25	×	×
26	×	○

(1) 小鳥をかっている人は何人ですか。

(2) 金魚をかっていない人は何人ですか。

(3) 金魚だけをかっている人は何人ですか。

(4) 両方ともかっていない人は何人ですか。

(5) 下の表にまとめましょう。

		金魚		合計
		○	×	
小鳥	○			
	×			
合計				

勉強した日　月　日　時間 20分　合かく点 80点　答え 別さつ17ページ　得点　点　色をぬろう 60 80 100

2 下の表(ひょう)は，スキーとスケートについて，したことがある人には○，したことがない人には×を書(か)いてもらい，その人数(にんずう)を表にまとめたものです。 [1問　10点]

		スケート		合計(ごうけい)
		○	×	
スキー	○	ア	イ 12	ウ
	×	エ	オ	カ 39
合計		キ 23	ク	ケ 56

(1) 両方(りょうほう)ともしたことがある人の数(かず)は，**ア**から**ケ**のどこに書きますか。

(2) スケートをしたことがない人の合計は，**ア**から**ケ**のどこに書きますか。

(3) **カ**の39という数は，どんな人が39人いることを表(あらわ)していますか。

(4) 表のあいているところに，あてはまる数をかきましょう。

(5) スキーをしたことがある人と，スケートをしたことがある人は，どちらが何人多(なんにんおお)いですか。

25 面積──①

問題　**たてが 4cm，横が 5cm の長方形の面積は何 cm^2 ですか。**

考え方　1辺の長さが1cm の正方形の面積が $1cm^2$ です。この正方形がいくつあるかを考えると，たてに4こ，横に5こだから，

4×5＝20（こ）

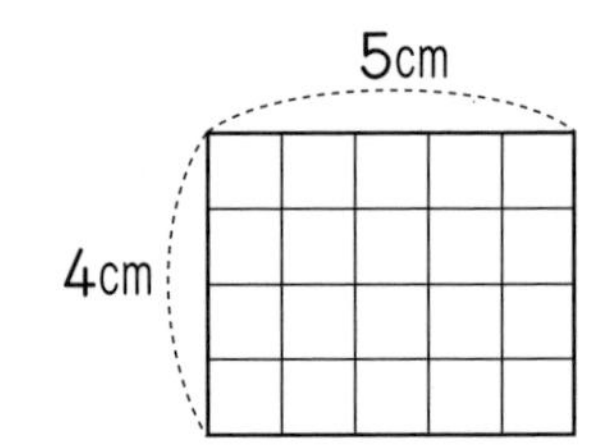

よって，面積は $20cm^2$ です。

面積を求める公式は，

長方形の面積＝たて × 横

正方形の面積＝1辺 × 1辺

答え　$20cm^2$

1 次の長方形や正方形の面積を求めましょう。　［1問　10点］

(1) たてが6cm，横が7cm の長方形

(2) たてが14cm，横が23cm の長方形

(3) 1辺の長さが8cm の正方形

(4) 1辺の長さが25cm の正方形

2 次の図形の面積を求めましょう。 [1問 10点]

(1)

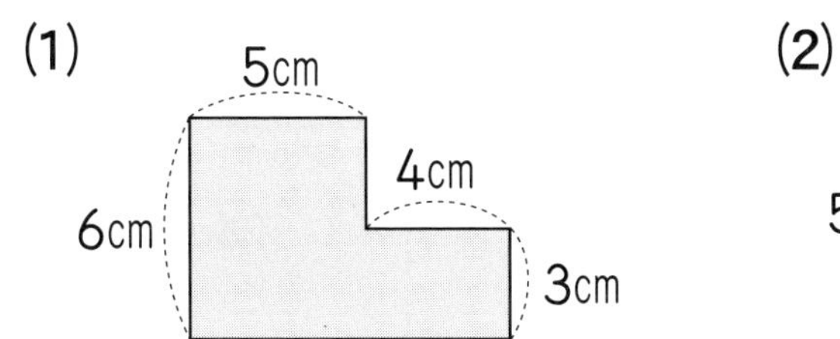

(2)

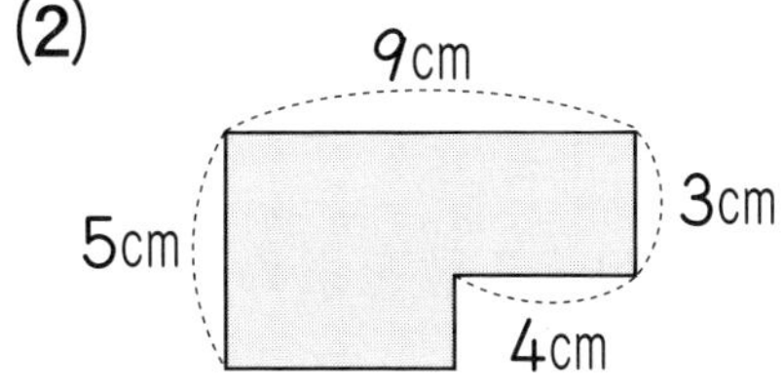

(3)

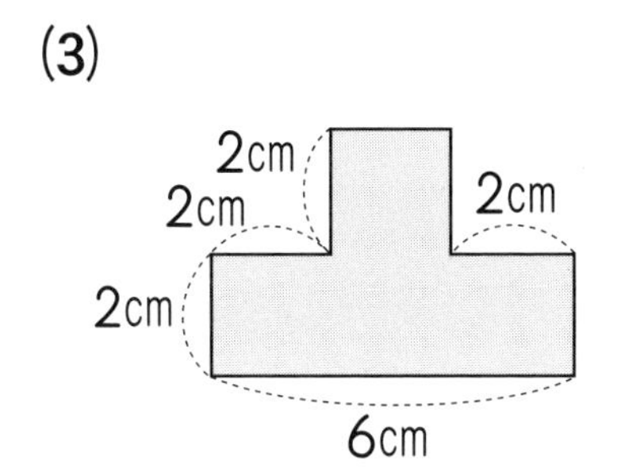

(4)

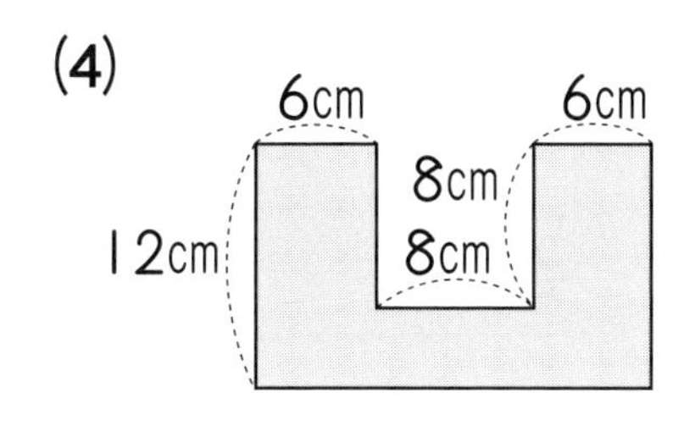

(5)

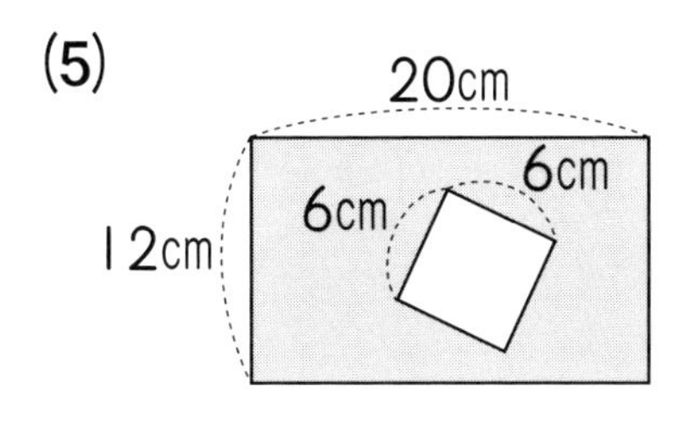

(6)

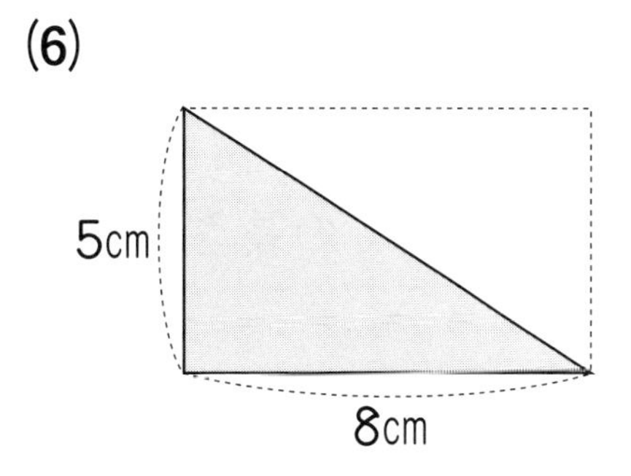

面積 ― ②

問題 たてが4cm，面積が$28cm^2$の長方形があります。この長方形の横の長さは何cmですか。

考え方 横の長さを□cmとすると，

4×□＝28

□にあてはまる数を求めると，

□＝28÷4＝7

となります。

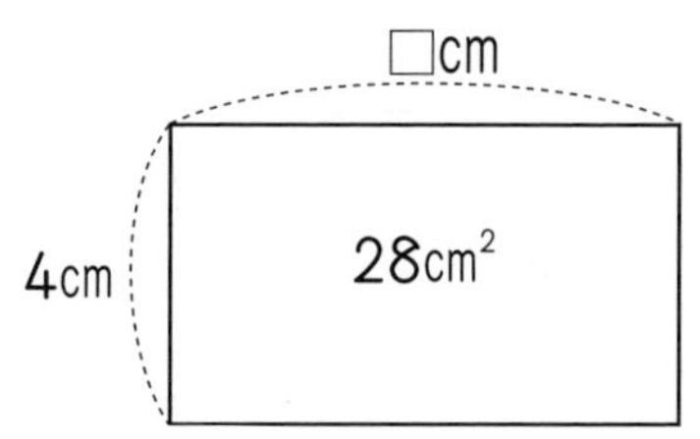

答え 7cm

1 たてが8cm，面積が$56cm^2$の長方形があります。この長方形の横の長さは何cmですか。［20点］

式

答え

2 横が9cm，面積が$72cm^2$の長方形があります。この長方形のたての長さは何cmですか。［20点］

式

答え

勉強した日　　月　　日

時間 20分　合かく点 80点　答え 別さつ18ページ

得点　　点

色をぬろう　60　80　100

3 まわりの長さが28cmの正方形があります。この正方形の面積を求めましょう。

[20点]

式

答え

4 たてが7cm，まわりの長さが26cmの長方形があります。

[1問　20点]

(1) この長方形の横の長さは何cmですか。

式

答え

(2) この長方形の面積は何cm^2ですか。

式

答え

27 面積 ― ③

問題 たてが6m，横がたての2倍の長さの長方形があります。この長方形の面積は何m^2でしょう。

考え方 1辺の長さが1mの正方形の面積は1m^2です。

また，1辺の長さが1kmの正方形の面積は1km^2です。

横の長さは，(6×2)mですから，面積は，

$6\times(6\times2)=6\times12=72$

となります。

答え 72m^2

1 次の長方形や正方形の面積を求めましょう。 [1問 10点]

(1) たてが12m，横が15mの長方形

(2) たてが14km，横が7kmの長方形

(3) 1辺の長さが38mの正方形

(4) 1辺の長さが16kmの正方形

勉強した日　月　日

時間 20分　合かく点 80点　答え 別さつ19ページ　得点　点　色をぬろう 60 80 100

2 たてが8m，面積が200m² の長方形があります。横の長さは何 m ですか。 [20点]

式

答え

3 1m² は何 cm² ですか。 [20点]

式

答え

4 1辺の長さが6cmの正方形2つを，図のように辺の真ん中で重ねてできる図形の面積を求めましょう。 [20点]

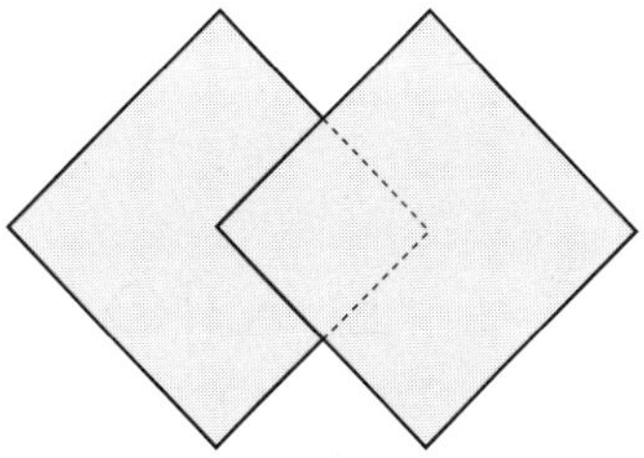

式

答え

28 小数のかけ算・わり算 ―― ①

問題 たてが 3.6cm，横が 4cm の長方形があります。この長方形の面積は何 cm^2 でしょう。

考え方 小数になっても，整数の場合と同じように式を立てます。

長方形の面積＝たて × 横

ですから，

3.6 × 4 ＝ 14.4

となります。

答え 14.4cm^2

1 1 辺の長さが 5.6cm である正三角形があります。この正三角形のまわりの長さは何 cm ですか。 [20点]

式

答え

2 1.5L 入りのジュースが 9 本あります。ジュースはぜんぶで何L あるでしょう。 [20点]

式

答え

勉強した日　月　日

時間 20分　合かく点 80点　答え 別さつ19ページ

得点　点

色をぬろう 60 80 100

3 かざりを1こつくるのに，テープが0.3mいります。このかざりを82こつくるには，テープは何mいるでしょう。［20点］

式

答え

4 1mの重さが3.4kgの鉄のぼうがあります。この鉄のぼう12mの重さは何kgでしょう。［20点］

式

答え

5 1Lのガソリンで9.8km走る車があります。この車は，43Lのガソリンでは何km走ることができるでしょう。［20点］

式

答え

29 小数のかけ算・わり算 ── ②

問題 長さ6.8mのロープを4等分します。1本の長さは何mになりますか。

考え方 小数になっても，整数の場合と同じように式を立てます。

6.8 ÷ 4 = 1.7

となります。

わり切れない場合には，問題をよく読んで，商やあまりを小数第何位まで求めるかに気をつけます。

答え 1.7m

1 長さが9.2cmのはり金を折り曲げてひし形をつくります。1辺の長さを何cmにすればよいですか。 [20点]

式

答え

2 横の長さが8cm，面積が18.4cm²の長方形があります。この長方形のたての長さは何cmですか。 [20点]

式

答え

勉強した日　月　日

時間 20分　合かく点 80点　答え 別さつ20ページ

得点　点

色をぬろう ☆60 ☆80 ☆100

3 同じあつさの本を6さつ積み上げると，高さは15cmになりました。この本の1さつのあつさは何cmですか。 [20点]

式

答え

4 8mの重さが25.6kgの鉄のぼうがあります。この鉄のぼう1mの重さは何kgでしょう。 [20点]

式

答え

5 ある車は，54Lのガソリンで410km走りました。この車は，ガソリン1Lでおよそ何km走ったことになりますか。小数第1位までのがい数で答えましょう。 [20点]

式

答え

30 小数のかけ算・わり算 ―― ③

1 1辺の長さが7.6cmの正方形があります。この正方形のまわりの長さは何cmですか。 [15点]

式

答え

2 カセットテープのケースを5こ積み上げると，高さは8.5cmになりました。ケース1このあつさは何cmでしょう。 [15点]

式

答え

3 テープが20mあります。ここから長さ0.3mのテープを64本切り取りました。残りは何mでしょう。 [15点]

式

答え

勉強した日　　月　　日

時間 20分　合かく点 80点　答え 別さつ20ページ

得点　　点

色をぬろう 60 80 100

4 お父さんは，毎日，1周2.7kmのジョギングコースを3周します。1週間では何km走ることになるでしょう。［15点］

式

答え

5 たての長さが4.9cm，まわりの長さが16.8cmの長方形があります。この長方形の横の長さは何cmですか。［20点］

式

答え

6 おとなが5人，子どもが7人います。1.5L入りのジュースが2本あり，おとなには0.3L，子どもには0.2Lずつ配ります。ジュースは何L残るでしょう。［20点］

式

答え

31 小数のかけ算・わり算 ―― ④

1 1辺の長さが0.36mの正方形があります。この正方形のまわりの長さは何mですか。 [15点]

式

答え

2 長さ1.92mのテープを8等分すると，1本は何mになりますか。 [15点]

式

答え

3 0.35L入りのジュースが24本あります。ジュースはぜんぶで何Lになりますか。 [15点]

式

答え

勉強した日　月　日　　時間 20分　合かく点 80点　答え 別さつ 21ページ　得点　点　色をぬろう 60 80 100

4 長さ26.4mのロープを3mずつに切ります。3mのロープは何本できますか。また，何mあまりますか。 [15点]

式

答え

5 1.73kgの塩を6人で同じ重さに分けます。1人分はおよそ何kgになりますか。上から3けたのがい数で表しましょう。 [20点]

式

答え

6 7mの重さが67.9gのはり金があります。このはり金12mの重さは何gでしょう。 [20点]

式

答え

32 分 数

1 家から学校までは $\frac{2}{9}$ km，学校から駅までは $\frac{5}{9}$ km あります。家から学校を通って駅まで行くときの道のりは何 km ですか。

［15点］

式

答え

2 リボンを $\frac{8}{5}$ m 買いました。そのうち，$\frac{3}{5}$ m 使いました。残りは何 m でしょう。［15点］

式

答え

3 ふくろ入りのさとうを 1kg 買いました。そのうち，$\frac{2}{7}$ kg 使いました。ふくろに残っているのは何 kg でしょう。［15点］

式

答え

勉強した日　月　日　時間 20分　合かく点 80点　答え 別さつ21ページ　得点　点　色をぬろう 60 80 100

4 ジュースが，2つのペットボトルに，$\frac{7}{5}$Lと$\frac{9}{5}$Lはいっています。合(あ)わせて何(なん)Lあるでしょう。 [15点]

式(しき)

答(こた)え

5 みきさんは$1\frac{2}{6}$時間(じかん)，まきさんは$4\frac{1}{6}$時間本を読(よ)みました。まきさんは，みきさんより何時間多(おお)く本を読んだでしょう。 [20点]

式

答え

6 ある数(すう)に$2\frac{4}{7}$をたすところを，まちがえて$2\frac{4}{7}$をひいたため，答えが5になりました。正しい答えを求(もと)めましょう。 [20点]

式

答え

33 変わり方 ―― ①

問題 |こ15円のおかしを○こ買うときの代金を□円とするとき，○と□の関係を表す式を求めましょう。

考え方 表にまとめると，次のようになります。代金は，

代金＝15× こ数

で計算します。

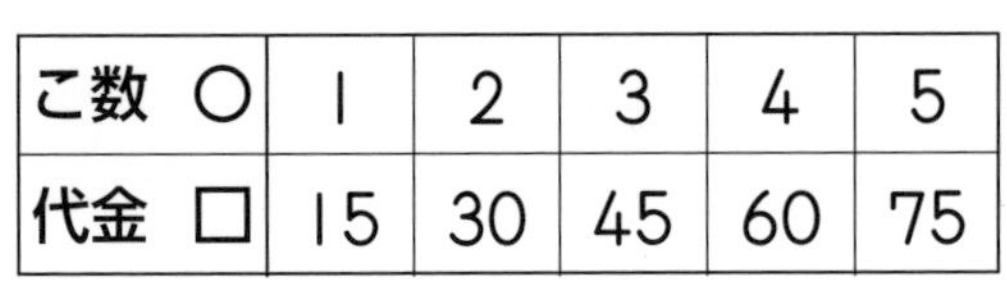

こ数 ○	1	2	3	4	5
代金 □	15	30	45	60	75

この関係を○と□で表すと，

□＝15×○

となります。

答え □＝15×○

1

|辺の長さが○cmの正方形のまわりの長さを□cmとするとき，次の問いに答えましょう。

［1問　10点］

(1) |辺の長さが1cm，2cm，3cm，4cm，5cmのとき，正方形のまわりの長さを求め，表にまとめましょう。

|辺の長さ ○	1	2	3	4	5
まわりの長さ □					

(2) ○と□の関係を式で表しましょう。

(3) |辺の長さが9cmのとき，正方形のまわりの長さを求めましょう。

(4) まわりの長さが28cmのとき，正方形の|辺の長さを求めましょう。

勉強した日　　月　　日

時間 20分　合かく点 80点　答え 別さつ22ページ

得点　　点

色をぬろう ☆60 ☆80 ☆100

2 まわりの長さが16cmの長方形や正方形をかいて，たての長さを○cm，横の長さを□cmとして，たての長さと横の長さの関係を調べます。

[1問　12点]

(1) たての長さが1cm，2cm，3cm，4cm，5cmのとき，横の長さを求め，表にまとめましょう。

たての長さ ○	1	2	3	4	5
横の長さ □					

(2) たての長さが1cmふえると，横の長さはどうなりますか。

(3) たての長さが7cmのとき，横の長さは何cmですか。

(4) ○と□の関係を式で表しましょう。

(5) たての長さと横の長さの関係を，折れ線グラフで表しましょう。

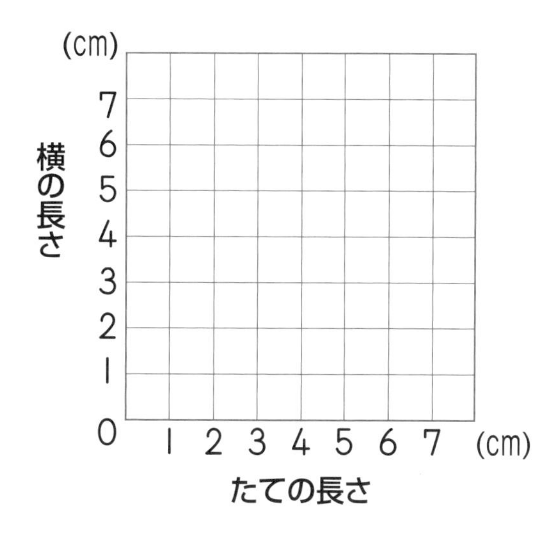

34 変わり方 ― ②

1 やかんに水を入れてあたためたときの水温の変わり方を表にしました。このとき，次の問いに答えましょう。 [1問　10点]

時間（分）	0	1	2	3	4
水温（度）	10	15	20	25	30

(1) この表を折れ線グラフにしましょう。

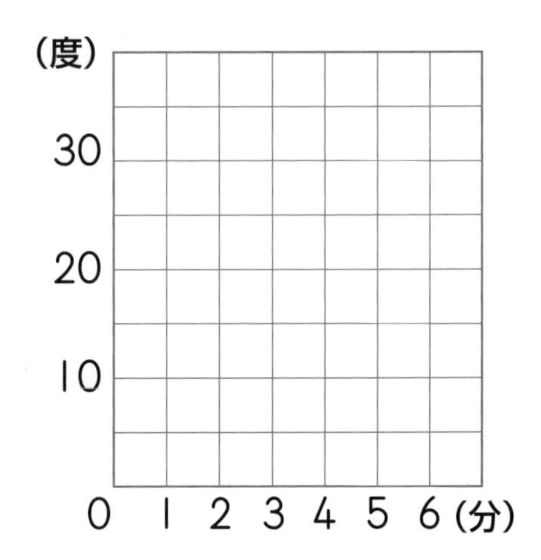

(2) あたためはじめる前の水温は何度ですか。

(3) 水温は，1分間に何度ずつ上がっていますか。

(4) あたためはじめてから7分後の水温は何度になると考えられますか。

(5) 水温が70度になるのは，あたためはじめてから何分後と考えられますか。

勉強した日　月　日

時間 20分　合かく点 80点　答え 別さつ22ページ

得点　点

色をぬろう 60 80 100

水そうの水を入れかえるために，ポンプで水をぬいています。ぬきはじめてからの時間と水の深さを調べて，折れ線グラフにしました。

[1問　10点]

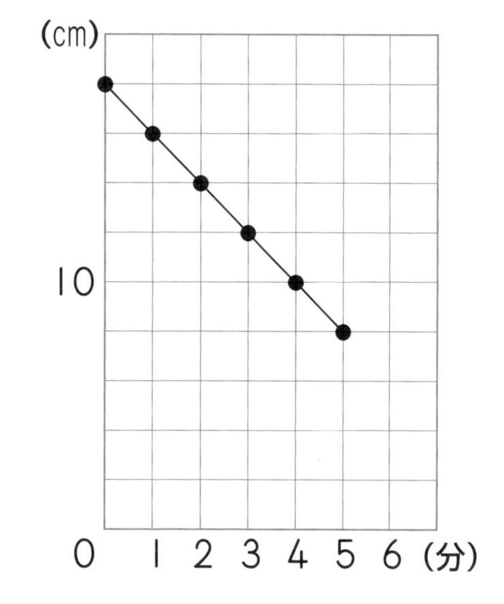

(1) 水をぬきはじめる前に，この水そうにはいっていた水の深さは何cmですか。

(2) 水の深さは，1分間に何cmずつへっていますか。

(3) 6分後の水の深さは何cmになりますか。

(4) 水の深さが2cmになるのは何分後ですか。

(5) 水そうがからになるのは何分後ですか。

35 変わり方 ─ ③

1 **長さが1cmと2cmのストローをならべて，下の図のように長方形をならべた形をつくります。○この長方形をつくるとき，1cmのストローの数が□本，2cmのストローの数が△本として，次の問いに答えましょう。** ［1問　10点］

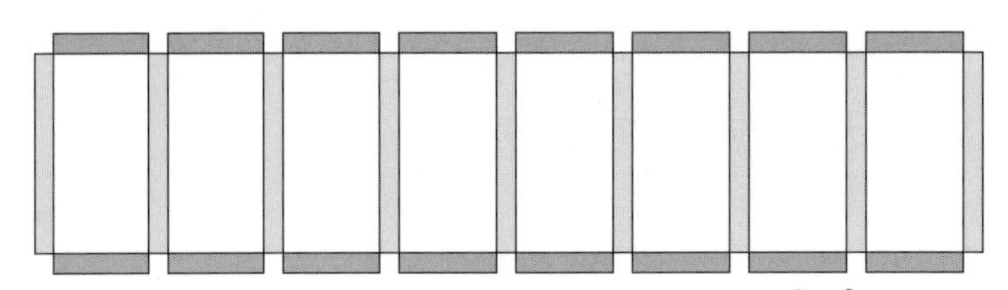

(1) 長方形の数とストローの数について，表にまとめましょう。

長方形の数 ○	1	2	3	4	5
1cmのストローの数 □					
2cmのストローの数 △					

(2) ○と□の関係を式で表しましょう。

(3) ○と△の関係を式で表しましょう。

(4) 長方形が10このとき，2cmのストローは何本いるでしょう。

(5) 長方形が20このとき，ストローはぜんぶで何本いるでしょう。

勉強した日　　月　　日

時間 20分　合かく点 80点　答え 別さつ23ページ

得点　　点

色をぬろう 60 80 100

2

同じ長さのストローをならべて，下の図のように正三角形をならべた形をつくります。○この正三角形をつくるときのストローの数を□本として，次の問いに答えましょう。［1問　10点］

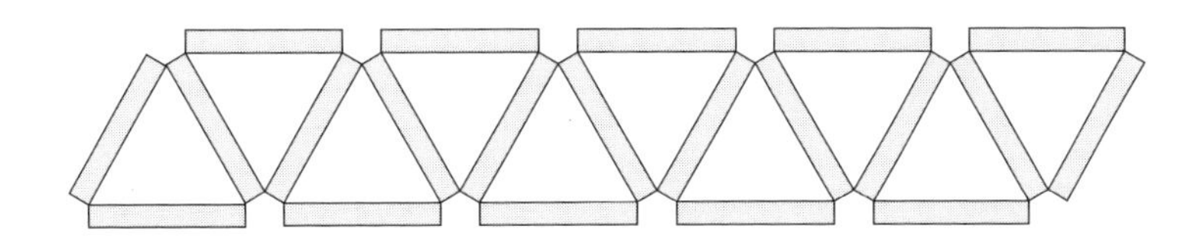

(1) 正三角形の数とストローの数について，表にまとめましょう。

正三角形の数 ○	1	2	3	4	5
ストローの数 □					

(2) 正三角形が1こふえると，ストローは何本ふえますか。

(3) ○と□の関係を式で表しましょう。

(4) 正三角形が15このとき，ストローは何本いるでしょう。

(5) ストローが35本のとき，正三角形は何こできますか。

36 変わり方――④

1 まわりの長さが12cmの長方形について考えます。 [1問　10点]

(1) たての長さが1cm，2cm，3cm，4cm，5cmのときの横の長さと面積を求め，表にまとめましょう。

たての長さ (cm)	1	2	3	4	5
横の長さ (cm)					
面　積 (cm^2)					

(2) この表で，面積が一番大きいときの図形は，どんな形ですか。

2 面積が16cm^2の長方形について考えます。 [1問　10点]

(1) たての長さが1cm，2cm，4cm，8cm，16cmのときの横の長さとまわりの長さを求め，表にまとめましょう。

たての長さ (cm)	1	2	4	8	16
横の長さ (cm)					
まわりの長さ (cm)					

(2) この表で，まわりの長さが一番短いときの図形は，どんな形ですか。

勉強した日	月　日	時間 20分	合かく点 80点	答え 別さつ24ページ	得点　点	色をぬろう 60 80 100

3

|辺の長さが2cmの正方形を，下の図のように辺の真ん中で重ねてならべていきます。このとき，次の問いに答えましょう。

［1問　10点］

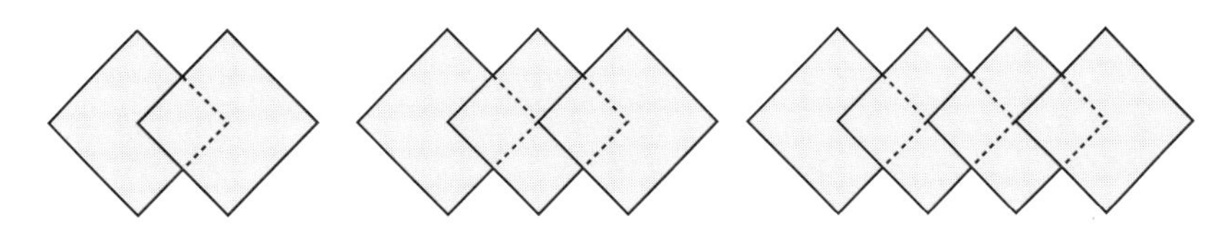

(1) 正方形が5こまでのときの面積を求め，表にまとめましょう。

正方形の数（こ）	1	2	3	4	5
面積（cm^2）					

(2) 正方形が1こふえると，面積は何cm^2ふえますか。

(3) 正方形を8こならべると，面積は何cm^2になりますか。

(4) 正方形を15こならべると，面積は何cm^2になりますか。

(5) 面積が49cm^2のとき，正方形は何こならんでいますか。

(6) 正方形が○このときの面積を□cm^2とするとき，○と□の関係を式で表しましょう。

方じん算にトライ!

おはじきを正方形の形にならべるとき，おはじきがいくついるかを調べてみよう。

右の図のように，おはじきを正方形の形にならべます。1辺に4このおはじきをならべたとき，おはじきはぜんぶで12こいります。では，おはじきを1辺に○こならべて正方形をつくるときのおはじきの数を□ことして，○と□の関係を調べてみましょう。

1辺にならぶおはじきの数が2こ，3こ，4こ，5こ，6このとき，おはじきの数をかぞえて表にまとめてみましょう。

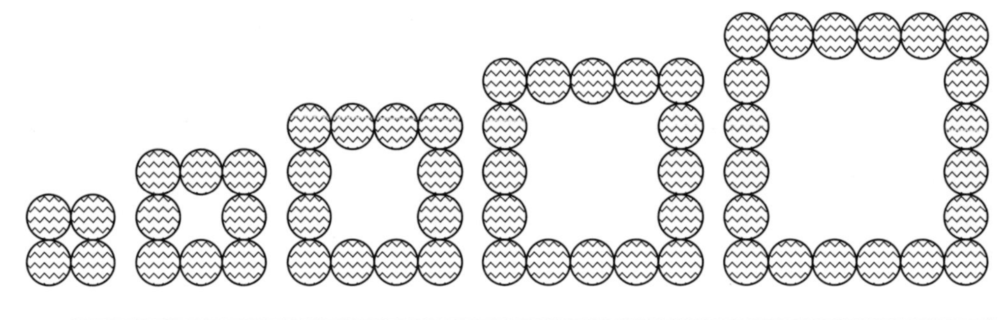

1辺のおはじきの数　○	2	3	4	5	6
正方形のおはじきの数　□	4	8	12	16	20

表から，1辺のおはじきの数が1ふえると，正方形のおはじきの数が4ずつふえていることがわかります。かけ算の4のだんの答えも，4つずつふえています。そこで，1辺のおはじきの数の4倍（○×4）と正方形のおはじきの数（□）をくらべてみると，□は○×4より4だけ小さくなっています。

したがって，

□=○×4－4

となることがわかります。

この式から，1辺に12このおはじきをならべるには，おはじきはぜんぶで，

$$12\times4-4=48-4=44$$

より，44こいることがわかります。

また，おはじきが60こあるときには，

$$60=○\times4-4$$

より，

$$○\times4=60+4=64$$

よって，

$$○=64\div4=16$$

となり，1辺に16このおはじきがならぶことがわかります。

あらためて，この式の意味を考えてみましょう。正方形の1辺に○こずつおはじきをならべると，おはじきの数は○×4となります。しかし，図のように，4つの角では2こずつ重なっています。そこで，○×4から重なっている4こをひくと，正方形にならべたときの，おはじきの数になります。

つまり，

$$□=○\times4-4$$

です。

重なりがないようにうまくかぞえると，もっとかんたんです。

右の図のように，角を2回かぞえないように，1辺にならんだ数よりも1小さい数(○−1)を考えます。正方形にならべたときのおはじきの数(□)はこの4倍ですから，

$$□=(○-1)\times4=○\times4-4$$

となるのです。

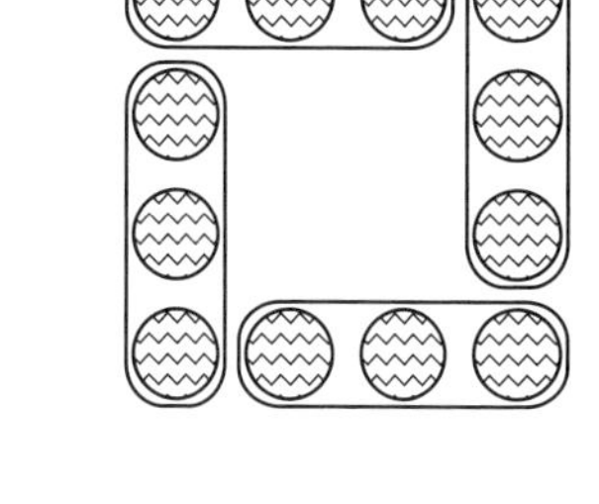

同じ式を求めるのに，いろいろと考えてみるのもおもしろいものです。

37 直方体と立方体 ― ①

問題 直方体について，次の計算をしましょう。

(頂点の数)＋(面の数)－(辺の数)

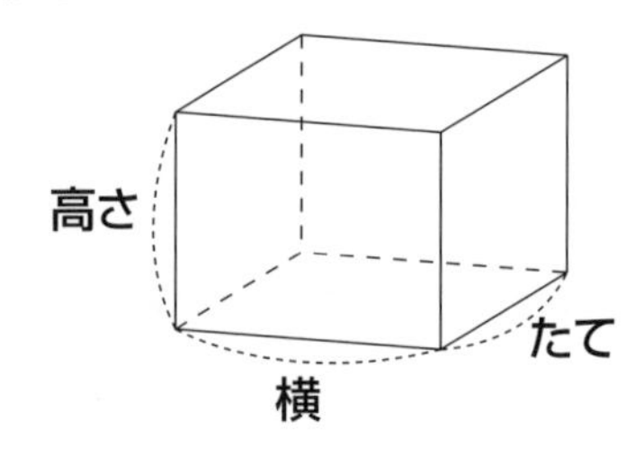

考え方 正方形だけで囲まれた箱の形を**立方体**といい，長方形だけ，または長方形と正方形で囲まれた箱の形を**直方体**といいます。直方体，立方体のどちらも，頂点の数は8，面の数は6，辺の数は12ですから，

(頂点の数)＋(面の数)－(辺の数)＝8＋6－12＝2

答え 2

1 右の図の直方体を，ひごとねん土でつくります。 ［1問　10点］

3cm
4cm
4cm

(1) ねん土の玉はいくついりますか。

(2) 3cmのひごは何本いりますか。

(3) 4cmのひごは何本いりますか。

(4) ひごはぜんぶで何cmいりますか。

勉強した日　　月　　日

時間 20分　合かく点 80点　答え 別さつ24ページ

得点　　点

色をぬろう 60 80 100

2

1辺の長さが4cmの立方体の6つの面の面積を合わせると何cm^2になりますか。

[20点]

式

答え

3

たてが3cm，横が4cm，高さが2cmの直方体の6つの面の面積を合わせると何cm^2になりますか。

[20点]

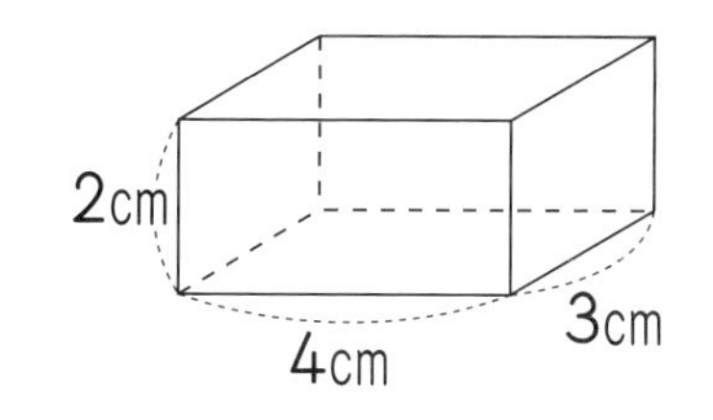

式

答え

4

右の図のように，直方体の箱にリボンをかけます。リボンの結び目に24cm使うと，リボンは何cmいるでしょう。

[20点]

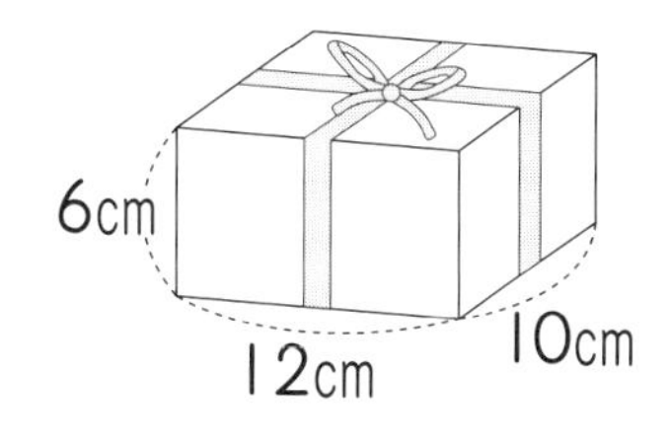

式

答え

直方体と立方体 ― ②

問題 次のような図を，何といいますか。

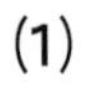

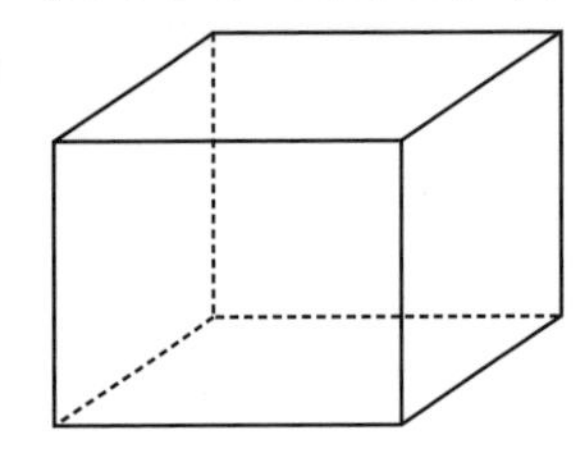

(2)

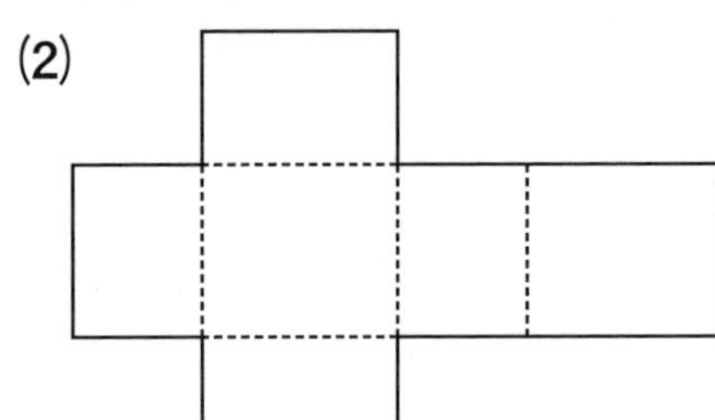

考え方 (1)の図のように，見ただけで全体のおよその形がわかる図を**見取り図**といいます。また，(2)の図のように，立体を辺にそって切り開いた図を**展開図**といいます。

答え (1) 見取り図　(2) 展開図

1

右の図の直方体の展開図をかきましょう。１ますは１cmです。 [40点]

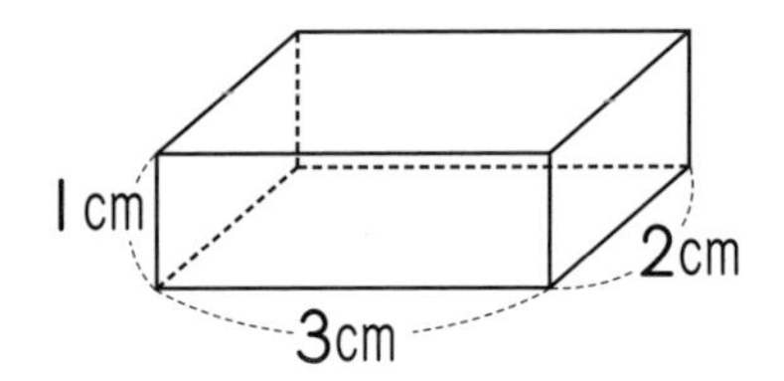

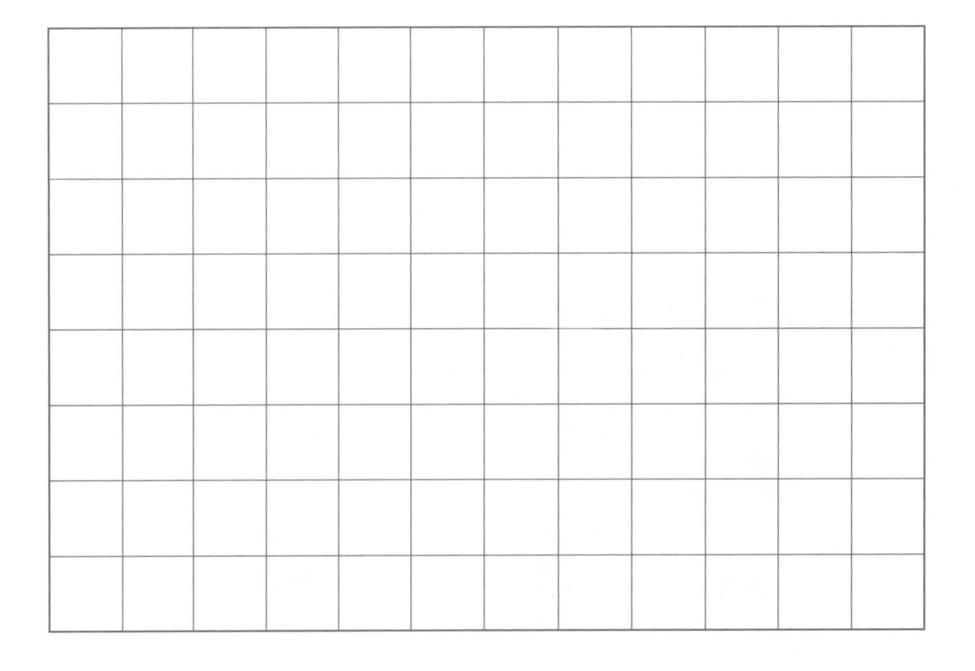

2 次の展開図を組み立ててできる直方体について，下の問いに答えましょう。

[(1)～(4) 1問 10点，(5) 20点]

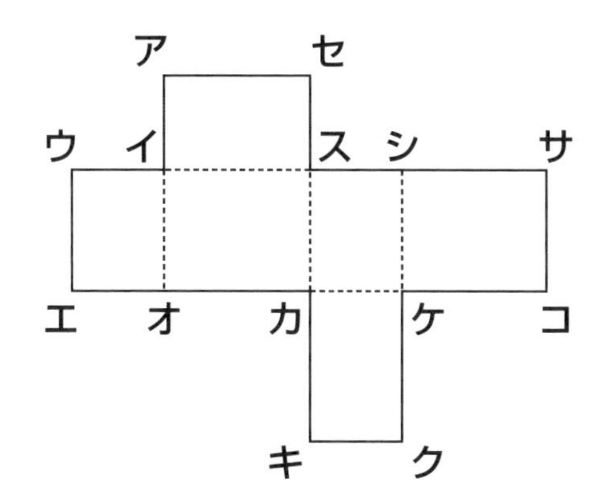

(1) 点**オ**と重なる点はどれですか。

(2) 点**セ**と重なる点はどれですか。

(3) 辺**エオ**と重なる辺を答えましょう。

(4) 辺**サシ**と重なる辺を答えましょう。

(5) 点**ア**～点**セ**のうち，3つの点が重なるものが2組あります。2組とも答えましょう。

直方体と立方体 ―― ③

問題 右の図の直方体で，辺アイと平行な辺をすべて答えましょう。

考え方 直方体や立方体では，１つの辺に平行な辺は３本あります。また，１つの辺と垂直に交わる辺は４本あります。

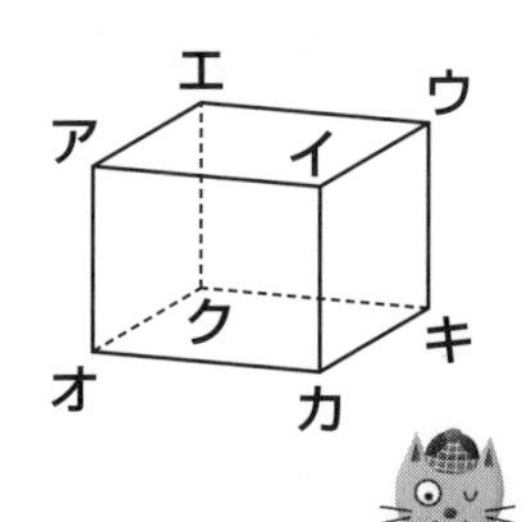

答え 辺エウ，辺オカ，辺クキ

1 右の図の直方体について，次の問いに答えましょう。 ［1問　10点］

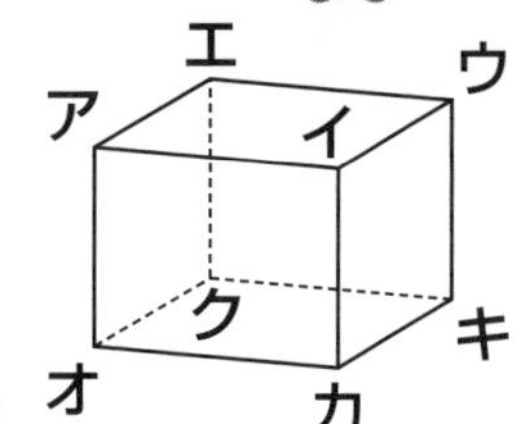

(1) 辺**アエ**に平行な辺をすべて答えましょう。

(2) 辺**アオ**と垂直に交わる辺をすべて答えましょう。

(3) 面**アオカイ**に平行な面をすべて答えましょう。

(4) 面**イカキウ**に垂直な面をすべて答えましょう。

(5) 面**オカキク**に垂直な辺をすべて答えましょう。

(6) 辺**イウ**と平行でなく，交わらない辺をすべて答えましょう。

勉強した日　月　日

時間 20分　合かく点 80点　答え 別さつ25ページ

得点　点

色をぬろう 60 80 100

問題 右の図で，点アを，横の目もりとたての目もりを組み合わせて(3，2)と表すとき，点イ，点ウはどのように表されますか。

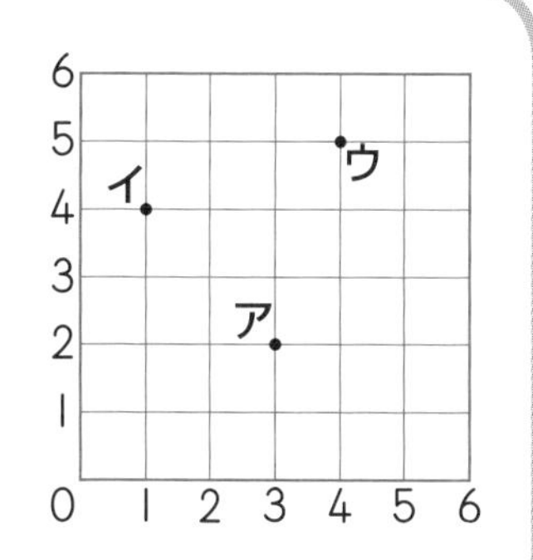

考え方 目もりをかぞえると，点**イ**は，横が1，たてが4ですから，(1，4)と表されます。

点**ウ**は，横が4，たてが5ですから，(4，5)と表されます。

答え 点**イ**は(1，4)，点**ウ**は(4，5)

2 右の図の直方体で，点アの位置を，たて，横，高さの方向の目もりを用いて(2，3，1)と表すとき，次の問いに答えましょう。

［1問　10点］

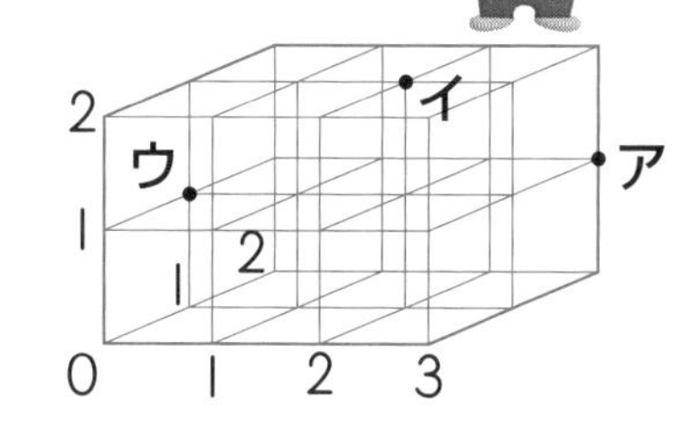

(1) 点**イ**は，どのように表されますか。

(2) 点**ウ**は，どのように表されますか。

(3) (2, 2, 1)で表される点**エ**を，上の図にかきましょう。

(4) (0, 1, 2)で表される点**オ**を，上の図にかきましょう。

問題の考え方──①

問題 ジュースを３本と80円のチョコレートを買(か)って260円はらいました。ジュースは１本いくらでしょう。

考え方 図(ず)のように整理(せいり)して考えます。

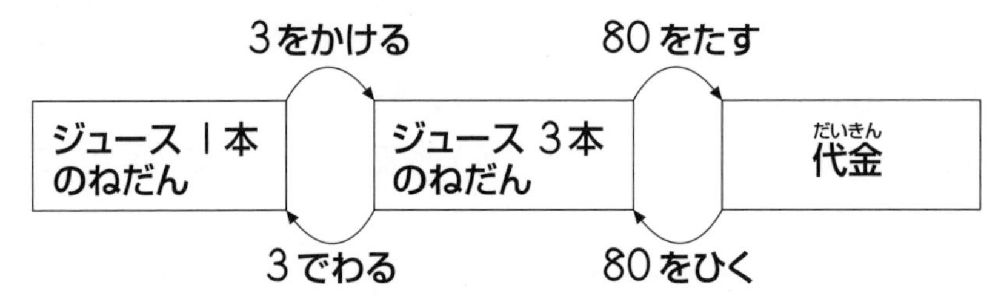

(260－80)÷3＝180÷3＝60

答え 60円

1 ケーキを６こ買って箱(はこ)に入れてもらうと，代金は740円でした。箱代(はこだい)が20円のとき，ケーキは１こ何円(なんえん)でしょう。 [20点]

式(しき)

答(こた)え

2 おさむくんの体重(たいじゅう)は弟(おとうと)の３倍(ばい)です。お父(とう)さんはおさむくんの２倍で，78kgです。弟の体重は何kgでしょう。 [20点]

式

答え

勉強した日　月　日　時間 20分　合かく点 80点　答え 別さつ26ページ　得点　点　色をぬろう 60 80 100

3 えんぴつを９本買うと，40円まけてくれて，500円はらいました。えんぴつ１本の，もとのねだんはいくらでしょう。 [20点]

式

答え

4 ５本で１パックのジュースを６パック買うと，840円でした。このジュース１本のねだんはいくらになるでしょう。 [20点]

式

答え

5 みつきさんは，持っていた色紙を妹に半分あげました。すると，お母さんが12まいくれたので，30まいになりました。はじめに，みつきさんは色紙を何まい持っていたでしょう。 [20点]

式

答え

41 問題の考え方──②

問題 市民プールの入場料は，おとな2人と子ども3人では1250円，おとな2人と子ども5人では1550円です。おとな1人，子ども1人の入場料は，それぞれいくらでしょう。

考え方 整理すると，次のようになります。

おとな　おとな　子　子　子　　　　　1250円
おとな　おとな　子　子　子　子　子　1550円
　　　　1250円

おとな2人分と子ども3人分は共通だから，その部分を1250円として計算します。

子ども1人分は，

$(1550-1250)\div2=300\div2=150$（円）

おとな1人分は，

$(1250-150\times3)\div2=800\div2=400$（円）

答え おとな400円，子ども150円

1 りんご1ことみかん4この代金は390円です。また，りんご1ことみかん1この代金は210円です。りんご1こ，みかん1このねだんは，それぞれいくらでしょう。［25点］

式

答え

勉強した日　　月　　日

時間 20分　合かく点 80点　答え 別さつ27ページ　得点　　点　色をぬろう ☆60 ☆80 ☆100

2　ケーキを５こ箱に入れてもらうと620円です。同じ箱にケーキを７こ入れると860円になります。ケーキは１こいくらでしょう。また，箱代はいくらでしょう。　[25点]

式

答え

3　ノート３さつとえんぴつ４本で500円，ノート５さつとえんぴつ４本で660円のとき，ノート１さつのねだんはいくらでしょう。また，えんぴつ１本のねだんはいくらでしょう。　[25点]

式

答え

4　プリン６ことジュース２本で400円，プリン８ことジュース２本で480円です。プリン10ことジュース２本ではいくらになるでしょう。　[25点]

式

答え

問題の考え方—③(和差算)

問題 800円を兄弟で分けます。兄が弟より100円多くもらうとき，兄と弟は，それぞれいくらもらえるでしょう。

考え方 図のように整理して考えます。

弟の2倍に100円をたすと800円になるから，弟は，

$(800-100)\div 2=700\div 2=350$

答え 兄は450円，弟は350円

1 あきらくんの組は男子が女子より2人多くて，ぜんぶで36人です。男子と女子は，それぞれ何人でしょう。

[20点]

式 ＿＿＿＿＿＿＿＿＿＿

答え ＿＿＿＿＿＿＿＿＿＿

2 和が82，差が6である2つの整数を求めましょう。

[20点]

式 ＿＿＿＿＿＿＿＿＿＿

答え ＿＿＿＿＿＿＿＿＿＿

勉強した日　月　日　時間 20分　合かく点 80点　答え 別さつ28ページ　得点　点　色をぬろう 60 80 100

3 120cmのリボンを，姉妹で分けます。妹の方が20cm短くなるように分けるとき，姉と妹のリボンは，それぞれ何cmになりますか。 [20点]

式

答え

4 お肉が850gあります。これを兄弟で分けます。兄の方が100g多くなるように分けるには，兄と弟のお肉は，それぞれ何gにすればよいですか。 [20点]

式

答え

5 本を2さつ買ったら1480円でした。2さつのねだんは60円ちがいです。この2さつの本のねだんは，それぞれいくらですか。 [20点]

式

答え

43 問題の考え方 ― ④(つるかめ算)

問題 50円切手と80円切手を合わせて7まい買って，500円になるようにします。それぞれ何まい買うとよいでしょう。

考え方 50円切手を7まい買うと，50×7＝350（円）

80円切手が1まいふえるごとに，

80－50＝30

より，30円ずつふえていくから，80円切手は，

(500－350)÷30＝150÷30＝5（まい）

答え 50円切手は2まい，80円切手は5まい

1 50円切手と80円切手を合わせて9まい買って，570円になるようにします。 それぞれ何まい買うとよいでしょう。 ［20点］

式

答え

2 10円玉と50円玉が合わせて20まいあり，ぜんぶで520円になります。10円玉と50円玉は， それぞれ何まいありますか。 ［20点］

式

答え

勉強した日　月　日

時間 20分　合かく点 80点　答え 別さつ29ページ

得点　点

色をぬろう 60 80 100

3 110円のケーキと80円のクッキーを合わせて10こ買うと，代金は980円でした。ケーキとクッキーはそれぞれ何こ買ったでしょう。 [20点]

式

答え

4 120cmのテープから，3cmと5cmのテープを合わせて34本切り取ります。3cmと5cmのテープは，それぞれ何本切り取ればよいですか。 [20点]

式

答え

5 150円のりんごと60円のみかんを合わせて12こ買うと，代金は1080円でした。りんごとみかんは，それぞれ何こ買ったでしょう。 [20点]

式

答え

44 問題の考え方──⑤(平均算)

問題 色紙を，姉は63まい，妹は37まい持っています。姉が妹に，何まいあげると，2人のまい数は同じになりますか。

考え方 2人分合わせると，63＋37＝100（まい）

これより，1人分は，

100÷2＝50（まい）

になります。したがって，姉が妹にあげるのは，

63－50＝13（まい）

答え 13まい

1 兄は48まい，弟は32まいカードを持っています。兄が弟にカードを何まいあげると，2人のカードのまい数が同じになりますか。 [20点]

式 ＿＿＿＿＿＿＿＿＿＿

答え ＿＿＿＿＿＿＿＿＿＿

2 兄は610円，妹は450円持っています。2人の持っているお金が同じになるようにするには，兄は妹に何円あげればよいですか。 [20点]

式 ＿＿＿＿＿＿＿＿＿＿

答え ＿＿＿＿＿＿＿＿＿＿

勉強した日　　月　　日

時間 20分　合かく点 80点　答え 別さつ30ページ

得点　　点

色をぬろう 60 80 100

3 大きい水とうにはお茶が740mL，小さい水とうには240mLはいっています。大きい水とうから小さい水とうへ，何mLのお茶を入れると，2つの水とうのお茶の量が同じになりますか。 [20点]

式

答え

4 姉は70まい，妹は50まい，弟は45まいの色紙を持っています。3人とも同じまい数になるようにするには，姉は妹と弟に何まいの色紙をあげるとよいですか。 [20点]

式

答え

5 みつきさんは600円，弟は240円持っています。みつきさんのお金が弟の2倍になるようにするには，みつきさんは弟に何円わたせばよいでしょう。 [20点]

式

答え

まほうじんにトライ！

たて，横，ななめにならんだ数の和が，どれも同じになる「まほうじん」について考えよう。

右の図のように，たて，横３マスずつの正方形の形に，１から９までの数を，たて，横，ななめのどの方向にたしても，和が等しくなるようにならべたものを，**まほうじん**といいます。このまほうじんの作り方を考えてみましょう。

2	7	6
9	5	1
4	3	8

１から９までの数の和を□とすると，９から１までの数の和も□になりますから，

$$\square = 1+2+3+4+5+6+7+8+9$$

$$+)\ \square = 9+8+7+6+5+4+3+2+1$$

$$\square+\square = 10+10+10+10+10+10+10+10+10$$

このように，たてにならんだ数をたすと，すべて10ですから，

$$\square+\square = 10\times 9 \qquad \text{つまり，}\ \square\times 2 = 90$$

このことから，□にはいる数は，

$$\square = 90 \div 2 = 45$$

となります。

つまり，１から９までの数の和は45になります。

９この数を３こずつの３つの組に分けてそれぞれの和を求めます。和が３つとも等しくなるようにするには，１から９までの数の和である45を３等分して，

$$45 \div 3 = 15$$

これより，たて，横，ななめにならんだ３つの数の和は，どれも15になることがわかります。

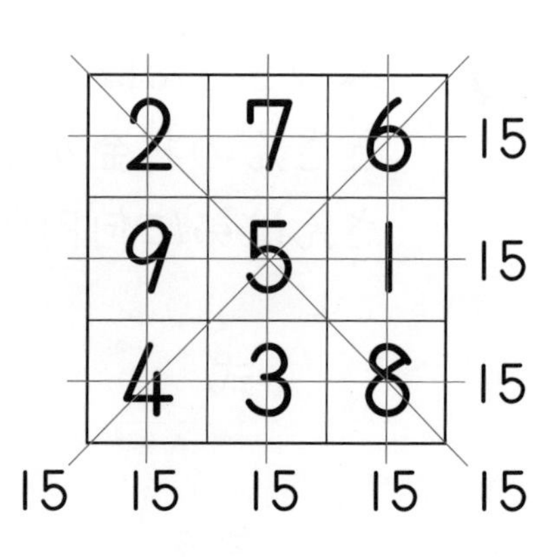

真ん中のマスの数を□とすると，図の**ア**の直線上にならぶ３つの数の和は15ですから，真ん中の数以外の２つの数の和を○とすると，

□＋○＝15

イ，**ウ**，**エ**の直線上の３つの数についても，真ん中の数以外の２つの数の和は○で表されますから，９この数の和が45であることから，

□＋○＋○＋○＋○＝45

このことから，

○×３＝45－15＝30

となり，

○＝30÷３＝10

□＝15－○＝15－10＝５

したがって，真ん中の数は５となります。

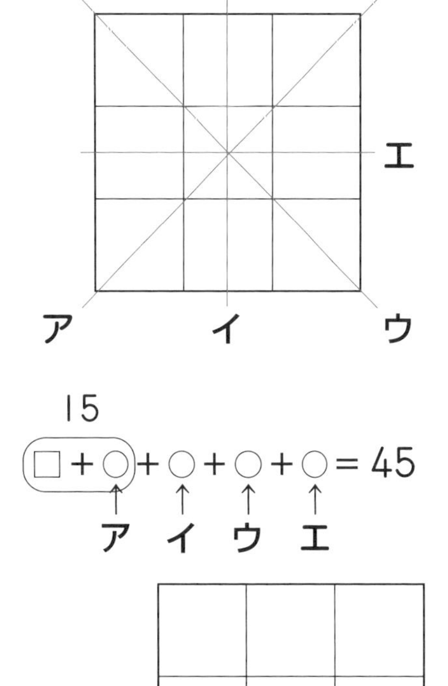

	5	

あとは，**ア**，**イ**，**ウ**，**エ**の直線上に，和が10となる２つの数

１と９，２と８，３と７，４と６

を，たて，横，ななめの３つの数の和が15となることをたしかめながら入れていくと，まほうじんができ上がります。

2	7	6
9	5	1
4	3	8

さらに，右の図のように，たて，横４マスずつの正方形の形に，１から16までの数をあてはめたまほうじんをつくることもできます。もっと大きいサイズのまほうじんを作ることに，トライしてみませんか。

1	15	14	4
12	6	7	9
8	10	11	5
13	3	2	16

④

■執筆者 — 山腰政喜
■レイアウト・デザイン — アトリエ ウインクル

シグマベスト
トコトン算数
小学4年の文章題ドリル

編　者　文英堂編集部
発行者　益井英郎
印刷所　株式会社　天理時報社
発行所　株式会社　文 英 堂

〒601-8121　京都市南区上鳥羽大物町28
〒162-0832　東京都新宿区岩戸町17
(代表)03-3269-4231

●落丁・乱丁はおとりかえします。

学習の記録

内よう	勉強した日	得点	得点グラフ 0 20 40 60 80 100
かき方	4月　16日	83点	
❶ 大きな数 ー ①	月　日	点	
❷ 大きな数 ー ②	月　日	点	
❸ 角 ー ①	月　日	点	
❹ 角 ー ②	月　日	点	
❺ わり算（1） ー ①	月　日	点	
❻ わり算（1） ー ②	月　日	点	
❼ わり算（1） ー ③	月　日	点	
❽ 垂直・平行と四角形 ー ①	月　日	点	
❾ 垂直・平行と四角形 ー ②	月　日	点	
❿ 垂直・平行と四角形 ー ③	月　日	点	
⓫ 折れ線グラフ ー ①	月　日	点	
⓬ 折れ線グラフ ー ②	月　日	点	
⓭ 小数 ー ①	月　日	点	
⓮ 小数 ー ②	月　日	点	
⓯ わり算（2） ー ①	月　日	点	
⓰ わり算（2） ー ②	月　日	点	
⓱ わり算（2） ー ③	月　日	点	
⓲ がい数とその計算 ー ①	月　日	点	
⓳ がい数とその計算 ー ②	月　日	点	
⓴ がい数とその計算 ー ③	月　日	点	
㉑ 式と計算 ー ①	月　日	点	
㉒ 式と計算 ー ②	月　日	点	

ΣBEST
シグマベスト

トコトン算数

小学4年の文章題ドリル

●「答え」は見やすいように，わくでかこみました。

● 考え方・とき方 では，まちがえやすい問題のくわしいかいせつや，これからの勉強に役立つことをのせています。

文英堂

1 大きな数 — ①

1
(1) 十億の位　(2) 百兆の位
(3) 1　(4) 千兆の位
(5) 三千八百六十兆千五百四十二億七千七百二十一万三千九十五

2
(1) 二百七十一億五千六百二十万三千四百八十九
(2) 三百五兆二千八百六十四億四千五百二十四万七百八十六

3
(1) 3540753295
(2) 20003005000007

4
(1) 30700000000
(2) 8009007000000

考え方・とき方

▶大きな数を読むときには，右から4けたごとに区切り，区切りのところに右から万，億，兆を入れます。
3，**4**は，答えを書いてから，あらためて右から4けたごとに区切ってみて，正しいかどうかをたしかめます。

2 大きな数 — ②

1
式　31290×10＝312900
答え　312900円

2
式　1900×100＝190000
答え　190000円

3
12m＝1200cmです。
式　1200÷10＝120
答え　120cm

4
一万の位は0にできませんから，1になります。千の位から一の位までは，残りの4つの数0，0，4，7を小さい順にならべます。
答え　10047

5
一番大きい数は，97530です。二番目は十の位の数と一の位の数を入れかえます。
答え　97503

▶10倍，100倍と，10でわる計算です。かけ算，わり算というよりも，0をつける，とるという感じです。

また，10でわることは，$\frac{1}{10}$にすることと同じです。
4では，5つの数を小さい順にならべると，
　00147
ですが，5けたの数というときは，一番上の位，つまり，一万の位を0にしてはいけません。

③ 角──①

1

ア	360°－60°＝300°	答え　300°
イ	360°－110°＝250°	答え　250°
ウ	180°＋50°＝230°	答え　230°
エ	180°－50°＝130°	答え　130°
オ	答え　70°	
カ	180°－70°＝110°	答え　110°
キ	答え　55°	
ク	180°－55°＝125°	答え　125°

2 式　90°×4＝360°
答え　360°

3 式　90°÷3＝30°
答え　30°

4 式　30°×2＝60°
答え　60°

考え方・とき方

▶2本の直線が交わるときにできる4つの角のうち，向かい合わせにある角を，**対ちょう角**といいます。
2では，長方形の4つの角の和が360°になることを求めましたが，**どんな四角形でも，4つの角の和は360°になります。**
また，**4**では，正三角形の1つの角が60°であることを求めましたが，60°×3＝180°より，3つの角の和は180°になります。正三角形だけではなく，**どんな三角形でも，3つの角の和は180°になります。**くわしくは，5年で学習します。

④ 角──②

1

ア	30°×2＝60°	答え　60°
イ	60°×2＝120°	答え　120°
ウ	45°＋30°＝75°	答え　75°
エ	45°＋90°＝135°	答え　135°
オ	45°－30°＝15°	答え　15°
カ	90°－45°＝45°	答え　45°

2

(1)	2直角です。	答え　180°
(2)	直角です。	答え　90°
(3)	90°÷3＝30°	答え　30°
(4)	30°÷5＝6°	答え　6°
(5)	6°×12＝72°	答え　72°
(6)	6°×34＝204°	答え　204°

▶**時計の長いはりは，1分間に6°まわります。また，短いはりは，1時間に30°まわります。**

5 わり算(1) —— ①

1 式　72÷4＝18
答え　18人

2 式　87÷3＝29
答え　29円

3 式　86÷6＝14 あまり 2
答え　14本できて2cm あまる

4 妹が□こ持っているとすると，□×5＝75
式　75÷5＝15
答え　15こ

5 式　55÷3＝18 あまり 1
あまりの 1cmには本ははいらない。
答え　18さつ

考え方・とき方

▶わられる数が2けたや3けたになっても，わり算の式は，

全体の数÷1つ分の数
全体の数÷いくつ分

となります。4の答えにもあるように，□を使ってかけ算の式をつくり，それをわり算に直してもかまいません。

6 わり算(1) —— ②

1 式　588÷7＝84
答え　84円

2 式　990÷5＝198
答え　198円

3 式　400÷6＝66 あまり 4
答え　66人に分けられて4まいあまる

4 5m7cm＝507cm です。
式　507÷9＝56 あまり 3
答え　56本切り取れて3cm あまる

5 ノートが□円とすると，□×6＝474
式　474÷6＝79
答え　79円

6 式　315÷4＝78 あまり 3
78きゃくでは3人すわれない。
答え　79きゃく

▶6では，あまりをどうするかを考えます。長いすが78きゃくでは3人すわれませんから，もう1きゃく，つまり，79きゃくになります。

7 わり算(1) ── ③

1 たしかめの計算を用います。

式　7×29＋5＝203＋5
　　　　　　　　＝208

答え　208

2 式　ある数を□とすると，

(57－1)÷□＝7より，

56÷□＝7

□＝56÷7＝8

答え　8

3 式 (500－180)÷4＝320÷4
　　　　　　　　　＝80

答え　80まい

4 式 (400－52)÷6＝348÷6
　　　　　　　　　＝58

答え　58人

5 式　96÷6＝16

16÷4＝4

答え　1本は16kg，1mは4kg

考え方・とき方

▶わり算では，わられる数からあまりをひくと，わり切れます。

1では，たしかめの計算を利用します。これは，

わる数×商＋あまり

を計算した答えがわられる数になるというものです。

5では，まず1本の重さを求めてから，1mの重さを求めます。

8 垂直・平行と四角形 —— ①

1 ア 60°　イ 120°　ウ 100°
エ 80°　オ 105°　カ 75°
キ 40°　ク 140°

2 (1) 正方形　(2) 直線エ　(3) 直線イ

3 (1) 直線ウ　(2) 直線エ　(3) 直線オ

考え方・とき方

▶**3**では，方眼のたて，横の数をかぞえて直線のかたむきぐあいを調べます。

9 垂直・平行と四角形 —— ②

1 台形…**ウ**，**オ**
平行四辺形…**イ**，**カ**

2 (1) 辺**イウ**は 5cm，辺**ウエ**は 3cm，角**エ**は 70°，角**ア**は 110°
(2) 辺**イウ**は 4cm，辺**ウエ**は 5cm，角**ウ**は 120°，角**エ**は 60°
(3) 辺**イウ**は 3cm，辺**ウエ**は 6cm，角**ウ**は 30°，角**エ**は 150°

▶平行四辺形では，となり合う2つの角の和は 180° になります。

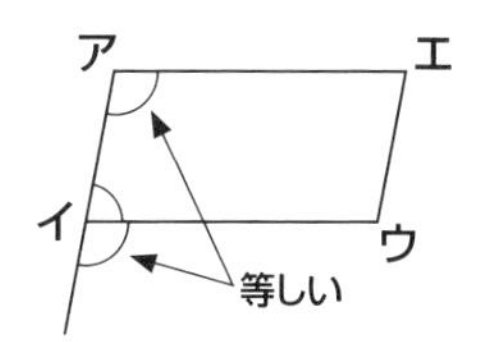

10 垂直・平行と四角形 —— ③

1 (1) 40°　(2) 140°　(3) 7cm
(4) 二等辺三角形
(5) 7×4＝28　答え 28cm

2 式 24÷4＝6
答え 6cm

3 (1) 長方形　(2) 正方形　(3) ひし形
(4) 正方形　(5) ひし形

▶平行四辺形の1つの角が90° のとき，となり合う角との和が180° であることから，

180°－90°＝90°

より，となりの角も90° になります。したがって，4つの角がすべて90° になり，そのような平行四辺形は長方形になります。

11 折れ線グラフ — ①

1 (1) 19度　(2) 午後2時　(3) 1度

(4) 午前8時から午前9時の間

(5) 22度

2 (1) 16度

(2)

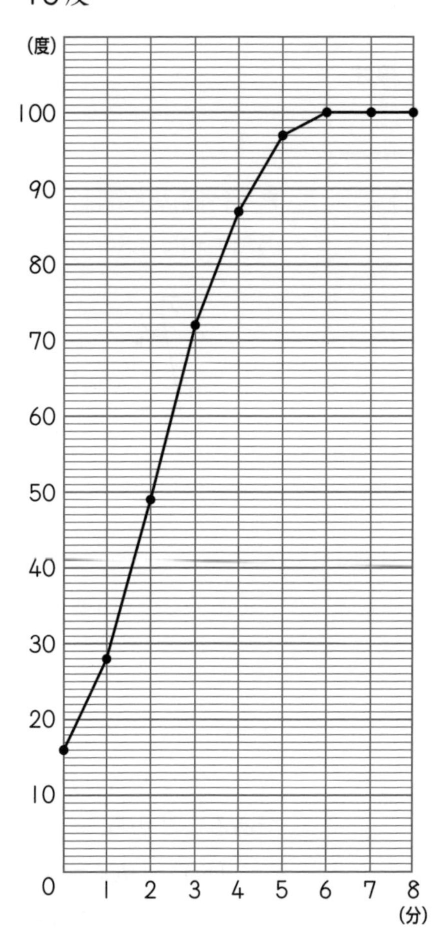

(3) 2分から3分までの間

(4) 6分から

(5) 100度

考え方・とき方

▶グラフを見るときには，まず，1目もりがどれだけを表すかを考えます。

また，グラフのかたむきが大きいほど変わり方は大きいです。

1(5)では，

11時は21度

12時は23度

ですから，ちょうど真ん中の午前11時30分の気温は22度と考えられます。

2では，水の温度の変わり方を調べています。温度は，

水が氷になる温度を0度

水がふっとうするときの温度を100度

として，きめられています。

12 折れ線グラフ ―②

1 (1) 27度　(2) 29度　(3) 6度
(4) 午後2時で，7度　(5) 気温

2 (1)

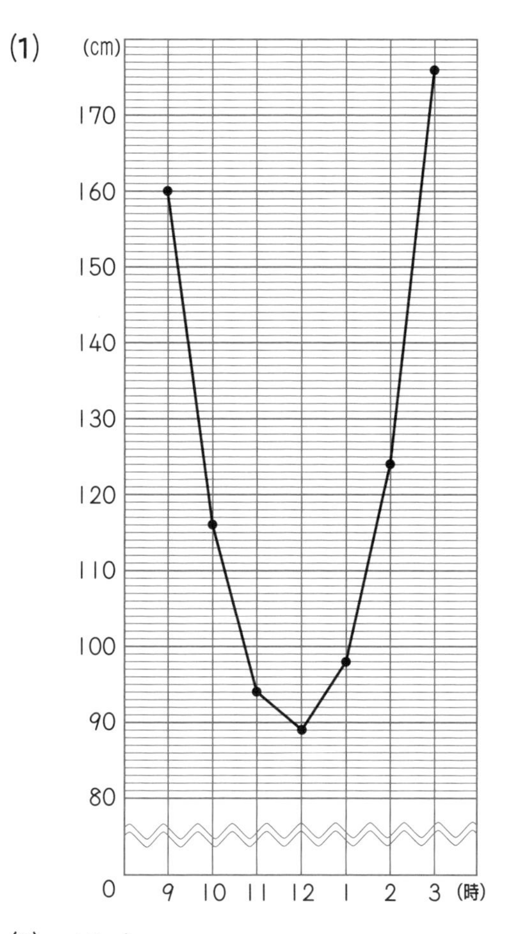

(2) 12時
(3) ある
(4) 午後2時から午後3時の間で，52cm
(5) 12時までは短くなるが，それからは長くなる。

考え方・とき方

▶気温は，晴れの日は午後2時ごろにもっとも高くなり，夜明けごろにもっとも低くなります。くもりや雨の日は，1日中あまり気温は変わりません。

13 小数──①

1 (1) 4　(2) 6　(3) 7.486
(4) 314こ　(5) 2017こ

2 (1) $2.85>2.58$
(2) $0.121<0.13$

3 (1) 2.35m　(2) 7.008km
(3) 1.5L　(4) 2.073L
(5) 4.078kg　(6) 5.009kg

4 一番大きいもの　85.02
一番小さいもの　20.58

考え方・とき方

▶**3**(2)は，mで表すと
7km8m＝7008m
です。これをkmで表すと
7.008km
となります。
7.8km＝7800mですから，まちがえないようにしましょう。
4では，十の位と小数第２位には0は使えないことに気をつけましょう。

14 小数──②

1 式　1.27＋2.59＝3.86
答え　3.86km

2 式　4.5－0.12＝4.38
答え　4.38kg

3 式　3.35－2.75＝0.6
答え　0.6m

4 式　1.204＋0.759＝1.963
答え　1.963L

5 式　1.86－1.39＋2.22＝2.69
答え　2.69L

▶筆算で計算すると，**3**は，0.60となりますが，小数点以下で最後の位の数が0のときは，0は書きませんから，0.6と答えます。

15 わり算(2) ―①

1 式　120÷40＝3
答え　3本

2 式　300÷40＝7あまり20
答え　7人に分けられて，20まいあまる

3 式　378÷70＝5あまり28
答え　5本買えて，28円あまる

4 式　96÷23＝4あまり4
答え　4人に分けられて，4こあまる

5 3m48cm＝348cmです。
式　348÷26＝13あまり10
答え　13本切り取れて，10cmあまる

6 式　648÷54＝12
答え　12km

考え方・とき方

▶わる数が2けたになっても，わり算の式は，
　全体の数÷1つ分の数
　全体の数÷いくつ分
となります。

16 わり算(2) ―②

1 □倍とすると，26×□＝78
式　78÷26＝3　　答え　3倍

2 □倍とすると，72×□＝288
式　288÷72＝4　　答え　4倍

3 1ダースは12本です。
式　204÷12＝17
答え　17ダース

4 式　945÷15＝63
答え　63円

5 式　987÷47＝21
答え　21kg

6 2週間は14日間です。
式　224÷14＝16
答え　16ページ

▶わる数が2けたになると，商の見当をつけるのがむずかしくなります。商が大きすぎたときは1小さく，小さすぎたときは1大きくして，計算しなおします。

17 わり算(2) —③

1 式　256÷18＝14あまり4
14日読むと4ページ残るから，もう1日読むことになる。
答え　15日

2 式 (200－32)÷28＝168÷28＝6
答え　6円

3 ある数を□とすると，893からあまりの19をひくと，□でわり切れる。
式 (893－19)÷□＝23
874÷□＝23
874＝□×23
□＝874÷23＝38
答え　38

4 式　867÷64＝13あまり35
13台では，荷物が35こあまるから，もう1台いる。
答え　14台

5 式　900÷28＝32あまり4
32羽ずつおり，あと4羽を4人でおる。
答え　4人

6 式　400÷24＝16あまり16
16箱できて，16こあまる。
24－16＝8より，あと8こでもう1箱できる。
答え　8こ

考え方・とき方

▶**2**では，200円からおつりの32円をひいて，画用紙28まい分の代金を求め，28でわります。
3では，ある数を□とおいて考えます。

18 がい数とその計算 ── ①

1 245から254までの10こです。
答え　245，246，247，248，249，
　　　250，251，252，253，254

2 四捨五入して切り捨てられる一番大きい数は4ですから，百の位は4，十の位，一の位は9です。
答え　54499

3 四捨五入して切り上げられる一番小さい数は5ですから，上から3けた目は5です。上から2けた目は，1ふえて9になるから，8です。
答え　785000

4 十の位は5，一の位は0です。百の位は1ふえて0，つまり，10ですから9です。また，千の位は1ふえて5になるから，4です。
答え　64950

5 6500から7499までです。
1から7499までは，7499こです。
1から6499までは，6499こです。
これより，6500から7499までは，
7499－6499＝1000
答え　1000こ

考え方・とき方

▶**5**では，
　7499－6500＝999
としてはいけません。
1～6499と6500～7499に分けて考えると，わかりやすいです。

19 がい数とその計算—②

1 3540→3500，1680→1700
式　3500＋1700＝5200
答え　およそ5200円

2 12836→13000，15249→15000
式　15000－13000＝2000
答え　およそ2000人

3 37350→37000，44820→45000
式　37000＋45000＝82000
答え　およそ82000円

4 256万1860→256万，
144万7496→145万
式　256万－145万＝111万
答え　およそ111万人

5 487.5→490，644.2→640
式　490＋640＝1130
答え　およそ1130km

考え方・とき方

▶**3**では，「およそ何万何千円」ということから，千の位までのがい数にして計算します。
4も，「およそ何万人」ということから，一万の位までのがい数にして計算します。
5では，東京，京都南，福岡の位置関係を地図でたしかめておきましょう。東から西へ，東京，京都南，福岡の順です。

20 がい数とその計算――③

1 714→700，384→400
式　700×400＝280000
答え　およそ280000円

2 48→50
式　60000÷50＝1200
答え　およそ1200円

3 314→300，58→60
式　60×300＝18000
18000cm＝180m
答え　180m

4 83→80，4814→4800
式　4800÷80＝60
答え　およそ60g

5 式　1000×100＝100000
9999×999＝9989001
答え　6けたまたは7けた

考え方・とき方

▶**5**は，4けたの数は，
1000～9999
3けたの数は，
100～999
ですから，4けた×3けたの積は，1000×100と9999×999の間になります。計算のきまりを使うと，
9999×999
＝9999×(1000－1)
＝9999×1000－9999×1
＝9999000－9999
＝9989001
となります。

21 式と計算――①

1 式　(42＋50)×16＝92×16＝1472
答え　1472円

2 式　53×(24＋12)＝53×36＝1908
答え　1908円

3 式　75＋35×7＝75＋245＝320
答え　320円

4 式　180×(6＋8)＝180×14＝2520
答え　2520円

5 式　500×5＋350×4
＝2500＋1400＝3900
答え　3900mL

▶式のなかのかけ算やわり算は，たし算やひき算より先に計算するきまりになっています。
3では，今までは，
75＋(35×7)
としていましたが，(　)をはぶくことができます。
しかし，**1**で(　)をはぶくと，
42＋50×16＝42＋800
＝842
となりますから，(　)をはぶくことはできません。

22 式と計算—②

1 (1) アは54，イは14，ウは42

答え　ア

(2) アは54，イは21，ウは6

答え　ア

(3) アは6，イは39，ウは216

答え　ウ

2 式　(5＋7)×2×37＝12×2×37

＝888

888cm＝8m88cm

答え　8m88cm

3 式　2m50cm＝250cm

250÷(4×4)＝250÷16

＝15あまり10

答え　15こできて，10cmあまる

4 式　780×4×25＝780×100

＝78000

78000m＝78km

答え　78km

考え方・とき方

▶1のくわしい計算です。

(1)ア　7×8−4÷2

＝56−2＝54

イ　7×(8−4)÷2

＝7×4÷2＝28÷2＝14

ウ　7×(8−4÷2)

＝7×(8−2)＝7×6＝42

(2)ア　6×(12−9÷3)

＝6×(12−3)＝6×9＝54

イ　(6×12−9)÷3

＝(72−9)÷3＝63÷3＝21

ウ　6×(12−9)÷3

＝6×3÷3＝18÷3＝6

(3)ア　12×(21−18)÷6

＝12×3÷6＝36÷6＝6

イ　(12×21−18)÷6

＝(252−18)÷6

＝234÷6＝39

ウ　12×(21−18÷6)

＝12×(21−3)

＝12×18＝216

23 整理のしかた―①

1

	北町	東町	合計
おとな	6	23	29
子ども	29	14	43
合計	35	37	72

2 (1) 12こ　(2) 6こ　(3) 4こ

(4)

	三角形	四角形	円	合計
青	4	4	4	12
白	4	6	2	12
合計	8	10	6	24

考え方・とき方

▶表にまとめるときは，たての合計を横に合計したものと，横の合計をたてに合計したものが同じになることをたしかめます。

1では，

35＋37＝72
29＋43＝72　＞同じ

2では，

8＋10＋6＝24
12＋12＝24　＞同じ

24 整理のしかた―②

1 (1) 11人　(2) 11人　(3) 10人

(4) 5人

(5)

		金魚 ○	金魚 ×	合計
小鳥	○	5	6	11
小鳥	×	10	5	15
合計		15	11	26

2 (1) ア　(2) ク

(3) スキーをしたことがない人

(4)

		スケート ○	スケート ×	合計
スキー	○	ア 5	イ 12	ウ 17
スキー	×	エ 18	オ 21	カ 39
合計		キ 23	ク 33	ケ 56

(5) スケートをしたことがある人の方が6人多い

▶2つのことがらについて分類すると，4つの場合に分けられます。

2(5)は，

キ－ウ＝23－17＝6

より，6人となります。

25 面積——①

1
(1) $6\times7=42$　答え　42cm²
(2) $14\times23=322$　答え　322cm²
(3) $8\times8=64$　答え　64cm²
(4) $25\times25=625$　答え　625cm²

2
(1) $6\times5+3\times4=30+12=42$
答え　42cm²
(2) $5\times9-(5-3)\times4$
$=45-2\times4=45-8=37$
答え　37cm²
(3) $2\times6+2\times(6-2-2)$
$=12+2\times2=12+4=16$
答え　16cm²
(4) $12\times(6+8+6)-8\times8$
$=12\times20-64=240-64=176$
答え　176cm²
(5) $12\times20-6\times6=240-36=204$
答え　204cm²
(6) $5\times8\div2=40\div2=20$
答え　20cm²

考え方・とき方

▶長方形の面積は，
　たて×横
で求めます。
2では，
・2つの長方形に分けて考える
・大きい長方形から，かけている部分をひく
の2つの求め方があります。
2(6)は，直角三角形の面積です。長方形を対角線で2つに分けていますから，面積は長方形の半分です。

26 面積——②

1 横の長さを□cmとすると，$8\times□=56$
式　$56\div8=7$　答え　7cm

2 たての長さを□cmとすると，$□\times9=72$
式　$72\div9=8$　答え　8cm

3 1辺の長さは，$28\div4=7$
式　$7\times7=49$　答え　49cm²

4
(1) 式　$26\div2-7=13-7=6$
答え　6cm
(2) 式　$7\times6=42$　答え　42cm²

▶**4**では，まず，横の長さを求めます。横の長さを□cmとすると，
　$(7+□)\times2=26$
　$7+□=26\div2$
　$□=26\div2-7=6$
となります。

27 面積 —③

1
(1) 12×15＝180　答え　180m^2
(2) 14×7＝98　答え　98km^2
(3) 38×38＝1444　答え　1444m^2
(4) 16×16＝256　答え　256km^2

2
横の長さを□mとすると，8×□＝200
式　200÷8＝25　答え　25m

3
1m＝100cmです。
式　100×100＝10000
答え　10000cm^2

4
2つの正方形の面積の和から，重なっている部分の正方形の面積をひきます。
式　6×6×2－3×3＝72－9＝63
答え　63cm^2

考え方・とき方

▶**3**より，1m^2＝10000cm^2です。
また，1km＝1000mより，
　1000×1000＝1000000
よって，1km^2＝1000000m^2です。
1a，1haは，それぞれ1辺の長さが10m，100mの正方形の面積で，
　1a＝100m^2，1ha＝10000m^2
これより，1ha＝100aとなります。
4では，2つの正方形が辺の真ん中で重なっていますから，重なっている部分は1辺の長さが3cmの正方形になります。

28 小数のかけ算・わり算 —①

1
式　5.6×3＝16.8
答え　16.8cm

2
式　1.5×9＝13.5
答え　13.5L

3
式　0.3×82＝24.6
答え　24.6m

4
式　3.4×12＝40.8
答え　40.8kg

5
式　9.8×43＝421.4
答え　421.4km

▶小数になっても，整数の場合と同じように式を立てます。
4年生は，小数×整数，小数÷整数を学習します。
小数×小数，小数÷小数は5年生になってから学習します。

29 小数のかけ算・わり算──②

1 式　$9.2 \div 4 = 2.3$
答え　2.3cm

2 たての長さを□cmとすると，
□×8＝18.4
式　$18.4 \div 8 = 2.3$
答え　2.3cm

3 式　$15 \div 6 = 2.5$
答え　2.5cm

4 式　$25.6 \div 8 = 3.2$
答え　3.2kg

5 式　$410 \div 54 = 7.59\cdots$
答え　およそ7.6km

考え方・とき方

▶**1**では，ひし形の4つの辺はすべて同じ長さであることを用います。
2では，□を使ってかけ算の式を立て，それをわり算にしています。他の問題も同じように□を使って考えてもよいです。
わり算では，ふつう，わり切れるまで計算しますが，問題に商をどの位まで求めるかが書いてある場合にはそれにしたがいます。
5では，小数第1位までのがい数にしますから，商は小数第2位まで求めて四捨五入します。

30 小数のかけ算・わり算──③

1 式　$7.6 \times 4 = 30.4$
答え　30.4cm

2 式　$8.5 \div 5 = 1.7$
答え　1.7cm

3 式　$20 - 0.3 \times 64 = 20 - 19.2 = 0.8$
答え　0.8m

4 式　$2.7 \times 3 \times 7 = 8.1 \times 7 = 56.7$
答え　56.7km

5 式　$16.8 \div 2 - 4.9 = 8.4 - 4.9 = 3.5$
答え　3.5cm

6 式　$1.5 \times 2 - 0.3 \times 5 - 0.2 \times 7$
$= 3 - 1.5 - 1.4$
$= 0.1$
答え　0.1L

▶**5**では，長方形のまわりの長さを求める計算を，順にもどして考えます。

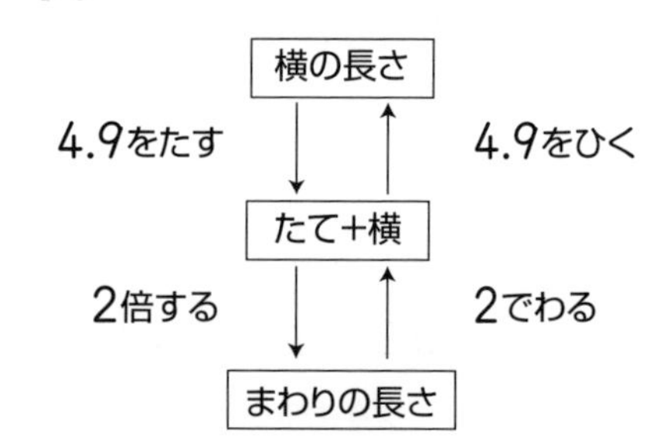

31 小数のかけ算・わり算――④

1 式　$0.36 \times 4 = 1.44$
答え　1.44m

2 式　$1.92 \div 8 = 0.24$
答え　0.24m

3 式　$0.35 \times 24 = 8.4$
答え　8.4L

4 式　$26.4 \div 3 = 8$ あまり 2.4
答え　8本できて2.4mあまる

5 式　$1.73 \div 6 = 0.2883\cdots$
答え　およそ0.288kg

6 式　$67.9 \div 7 \times 12 = 9.7 \times 12$
$= 116.4$
答え　116.4g

考え方・とき方

▶**1**の計算は，0.01をもとに考えます。0.36は0.01が36こで，その4倍ですから，0.01が

$36 \times 4 = 144$（こ）

になります。つまり，

$0.36 \times 4 = 1.44$

です。

5では，0でない商が立つ位から3けたのがい数で表します。

6は，1mの重さを求めて，12倍します。

32 分　数

1 式　$\frac{2}{9} + \frac{5}{9} = \frac{7}{9}$　答え　$\frac{7}{9}$km

2 式　$\frac{8}{5} - \frac{3}{5} = \frac{5}{5} = 1$　答え　1m

3 式　$1 - \frac{2}{7} = \frac{7}{7} - \frac{2}{7} = \frac{5}{7}$

答え　$\frac{5}{7}$kg

4 式　$\frac{7}{5} + \frac{9}{5} = \frac{16}{5}$　答え　$\frac{16}{5}$L

5 式　$4\frac{1}{6} - 1\frac{2}{6} = 3\frac{7}{6} - 1\frac{2}{6} = 2\frac{5}{6}$

答え　$2\frac{5}{6}$時間

6 式　$5 + 2\frac{4}{7} + 2\frac{4}{7} = 9\frac{8}{7} = 10\frac{1}{7}$

答え　$10\frac{1}{7}$

▶分数になっても，整数や小数の場合と同じように式を立てます。

2，**3**では，分子と分母が等しい分数は1であることを用います。

6は，5に$2\frac{4}{7}$をたすと，ある数になり，さらに$2\frac{4}{7}$をたすと，正しい答えになります。

33 変わり方──①

1 (1)

○	1	2	3	4	5
□	4	8	12	16	20

(2) □＝○×4

(3) 9×4＝36　答え　36cm

(4) 28＝○×4より，○＝28÷4＝7
答え　7cm

2 (1)

○	1	2	3	4	5
□	7	6	5	4	3

(2) 1cmへる

(3) 1cm

(4) □＝8－○

(5) グラフは右の図

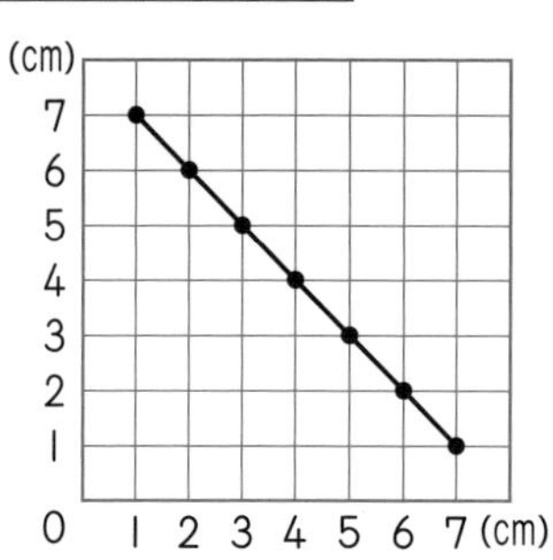

考え方・とき方

▶2(4)では，表から，○と□の和が8になることがわかるので，
○＋□＝8
としてもかまいません。

34 変わり方──②

1 (1) グラフは右の図

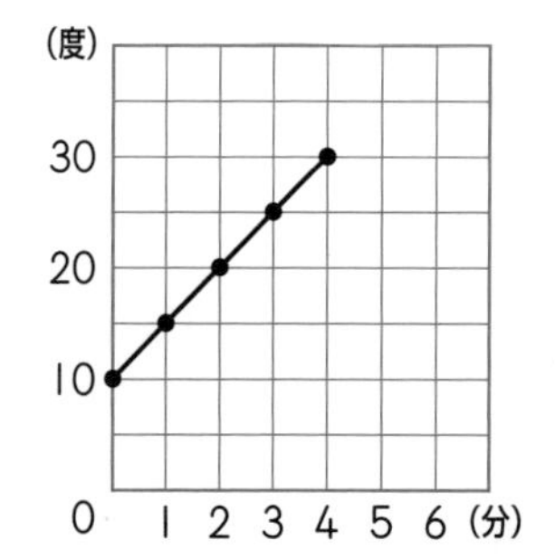

(2) 10度

(3) 5度

(4) 45度

(5) 12分後

2 (1) 18cm　(2) 2cm

(3) 8cmから2cm下がる。　答え　6cm

(4) 6cmから4cm下がるのに2分かかる。
答え　8分後

(5) 2cmから，からになるのに1分かかる。
答え　9分後

▶1(4)は，4分後から7分後までの3分間で，
5×3＝15（度）
上がるから，
30＋15＝45（度）
1(5)は，4分後から
70－30＝40（度）
上がるには，
40÷5＝8（分）
かかるから，
4＋8＝12（分）
となります。

35 変わり方 ③

1 (1)

○	1	2	3	4	5
□	2	4	6	8	10
△	2	3	4	5	6

(2) □＝○×2

(3) △＝○＋1

(4) △＝10＋1＝11

答え 11本

(5) □＝20×2＝40

△＝20＋1＝21

□＋△＝40＋21＝61

答え 61本

 (1)

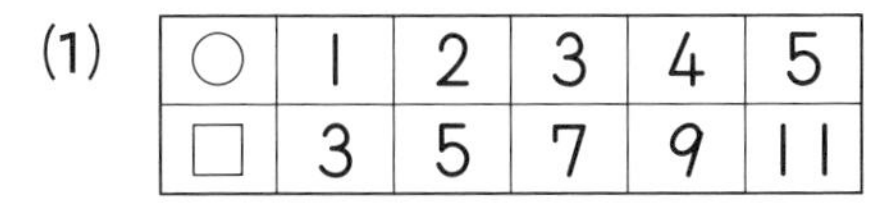

○	1	2	3	4	5
□	3	5	7	9	11

(2) 2本

(3) □＝○×2＋1

(4) □＝15×2＋1＝31

答え 31本

(5) 35＝○×2＋1より，○×2＝34

○＝34÷2＝17

答え 17こ

考え方・とき方

▶**2**では，正三角形が1こふえると，ストローは2本ふえますから，ストローの数はかけ算の2のだんに関係があります。そこで，○と○×2と□の関係を表にしてみます。

○	1	2	3	4	5
○×2	2	4	6	8	10
□	3	5	7	9	11

この表から，

□＝○×2＋1

となることがわかります。

36 変わり方—④

1 (1)

たて	1	2	3	4	5
横	5	4	3	2	1
面積	5	8	9	8	5

(2)　たてと横が，どちらも3cmのとき，面積は一番大きい。

答え　正方形

2 (1)

たて	1	2	4	8	16
横	16	8	4	2	1
まわり	34	20	16	20	34

(2)　たてと横が，どちらも4cmのとき，まわりの長さは一番短い。

答え　正方形

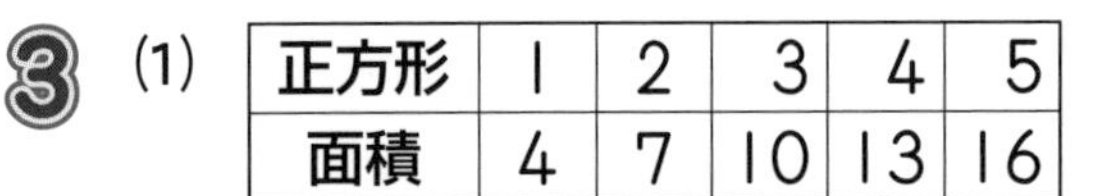

3 (1)

正方形	1	2	3	4	5
面積	4	7	10	13	16

(2)　3cm²　　(3)　25cm²

(4)　46cm²　　(5)　16こ

(6)　□＝○×3＋1

考え方・とき方

▶**3**(3)は，正方形が5こから8こになるとき，

　8－5＝3（こ）

ふえ，面積は1こにつき3cm²ふえるから，

　3×3＝9（cm²）

ふえる。よって，

　16＋9＝25（cm²）

3(4)は，5こから15こになるとき，10こふえるから，

　16＋3×10＝46（cm²）

3(5)は，5このときから面積が，

　49－16＝33（cm²）

ふえているから，正方形は，

　33÷3＝11（こ）

ふえる。つまり，

　5＋11＝16（こ）

または，(4)より，15こで46cm²ですから，あと1こで49cm²になると考えてもかまいません。

37 直方体と立方体—①

1 (1)　8こ　　(2)　4本　　(3)　8本

(4)　3×4＋4×8＝12＋32＝44

答え　44cm

2 式　4×4×6＝96　　答え　96cm²

3 式　3×4×2＋2×3×2＋2×4×2

＝24＋12＋16＝52

答え　52cm²

4 式　(10＋6)×2＋(12＋6)×2＋24

＝32＋36＋24＝92

答え　92cm

▶直方体では，頂点は8こです。面は，同じ形の面が2面ずつ3組で合計6面あります。

辺は，同じ長さの辺が4本ずつ3組で合計12本あります。

4では，実際にリボンを箱にかけていくことを考えると，わかりやすいです。

38 直方体と立方体──②

1 (例)

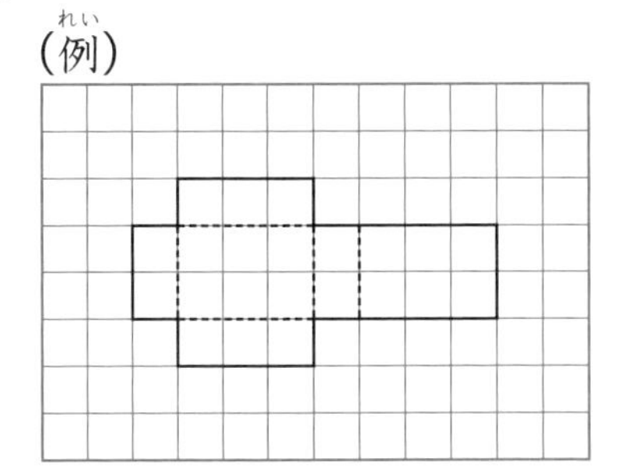

2 (1) 点**キ**　(2) 点**シ**

(3) 辺**クキ**　(4) 辺**アセ**

(5) 点**ア**と点**ウ**と点**サ**

点**エ**と点**ク**と点**コ**

考え方・とき方

▶**1**の展開図については，答えは何通りもあります。実際に組み立てることができるかどうかをたしかめましょう。

2(5)は，展開図の左はしと右はしにある辺**ウエ**と辺**サコ**が重なることに着目します。点**ウ**，**サ**と重なる点は点**ア**であり，点**エ**，**コ**と重なる点は点**ク**ですから，重なる3つの点が見つかります。

39 直方体と立方体──③

1 (1) 辺**イウ**，辺**オク**，辺**カキ**

(2) 辺**アイ**，辺**アエ**，辺**オカ**，辺**オク**

(3) 面**エクキウ**

(4) 面**アイウエ**，面**アオカイ**，

面**オカキク**，面**クキウエ**

(5) 辺**アオ**，辺**イカ**，辺**ウキ**，辺**エク**

(6) 辺**アオ**，辺**カオ**，辺**エク**，辺**キク**

2 (1) (1，2，2)

(2) (1，0，1)

(3)，(4)は次の図

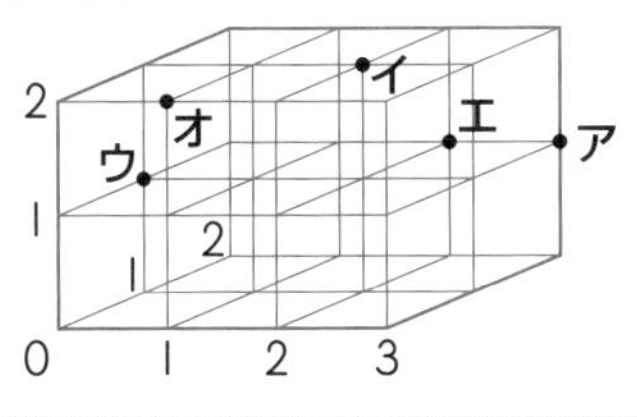

▶**1**(6)のように，平行でなく，交わらない2直線は，ねじれの位置にあるといいます。くわしくは，中学校で学習します。

40 問題の考え方──①

1

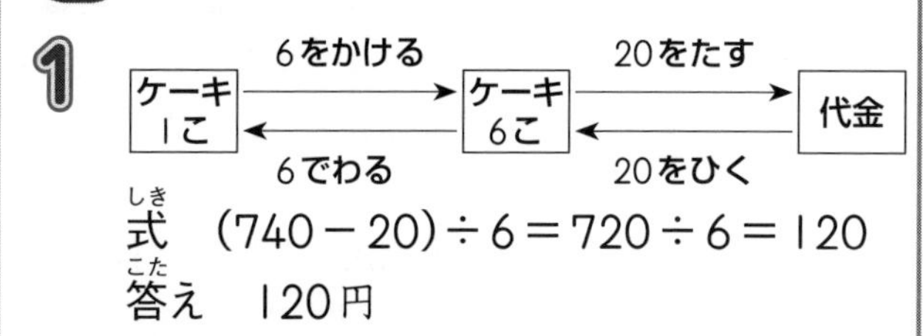

式　(740－20)÷6＝720÷6＝120

答え　120円

2

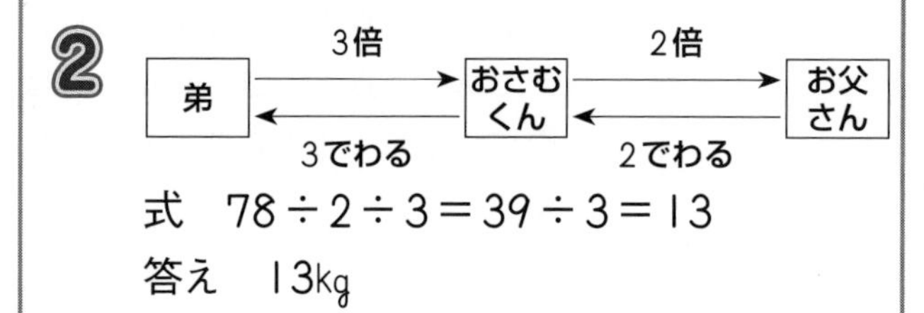

式　78÷2÷3＝39÷3＝13

答え　13kg

3

えんぴつ1本 ―9をかける→ えんぴつ9本 ―40をひく→ 代金

えんぴつ1本 ←9でわる― えんぴつ9本 ←40をたす― 代金

式　(500＋40)÷9＝540÷9＝60

答え　60円

4

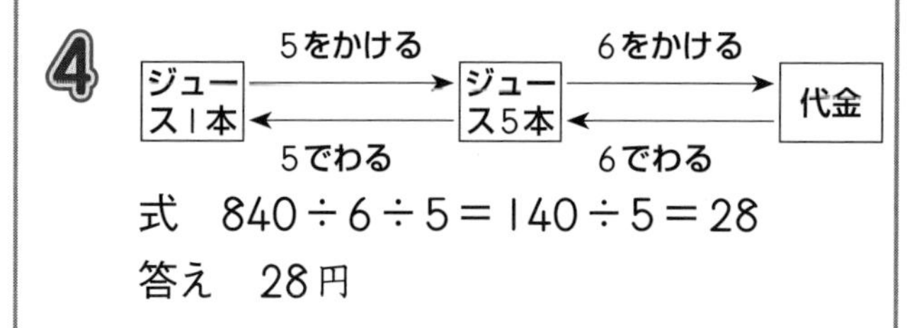

式　840÷6÷5＝140÷5＝28

答え　28円

5

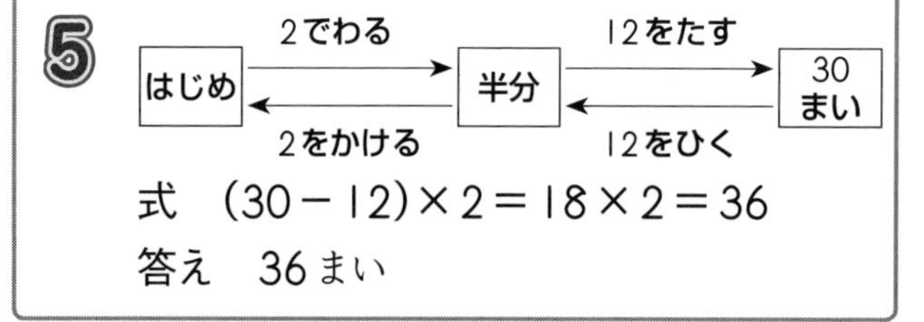

式　(30－12)×2＝18×2＝36

答え　36まい

考え方・とき方

▶問題をよく読んで図をかき，順にもどして式を立てます。そのとき，(　)がいるところには，わすれないように(　)を入れます。

41 問題の考え方――②

1

り　み　み　み　み　　390円
り　み　　　　　　　　210円

図より，みかん3こ分が，390－210（円）とわかる。

式　(390－210)÷3＝180÷3＝60
　　210－60＝150

答え　りんごは150円，みかんは60円

2

ケ　ケ　ケ　ケ　ケ　　　　箱　620円
ケ　ケ　ケ　ケ　ケ　ケ　ケ　箱　860円

図より，ケーキ2こ分が，860－620（円）とわかる。

式　(860－620)÷2＝240÷2＝120
　　620－120×5＝620－600＝20

答え　ケーキは120円，箱は20円

3

ノ　ノ　ノ　　　　え　え　え　え　500円
ノ　ノ　ノ　ノ　ノ　え　え　え　え　660円

図より，ノート2さつ分が，660－500（円）とわかる。

式　(660－500)÷2＝160÷2＝80
　　(500－80×3)÷4＝260÷4＝65

答え　ノートは80円，えんぴつは65円

4

プ　プ　プ　プ　プ　プ　　　　ジ　ジ　400円
プ　プ　プ　プ　プ　プ　プ　プ　ジ　ジ　480円

図より，プリン2こ分が，480－400（円）とわかる。

式　480＋(480－400)＝560

答え　560円

考え方・とき方

▶図をかいて，同じ部分に目をつけて，一方のものの何こ分かのねだんを求めます。

4では，プリンは40円，ジュースは80円ですが，これを求めなくても，プリン8ことジュース2本で480円で，これにプリン2こを合わせると，プリン10ことジュース2本になります。

42 問題の考え方──③(和差算)

1

男子 / 女子　2人　合わせて36人

女子の2倍に2人をたすと36人になる。

式　$(36-2)\div 2=34\div 2=17$

$17+2=19$

答え　男子19人，女子17人

2

大きい数 / 小さい数　6　合わせて82

小さい数の2倍に6をたすと82になる。

式　$(82-6)\div 2=76\div 2=38$

$38+6=44$

答え　38と44

3

姉 / 妹　20cm　合わせて120cm

妹の2倍に20cmをたすと120cmになる。

式　$(120-20)\div 2=100\div 2=50$

$50+20=70$

答え　姉は70cm，妹は50cm

4

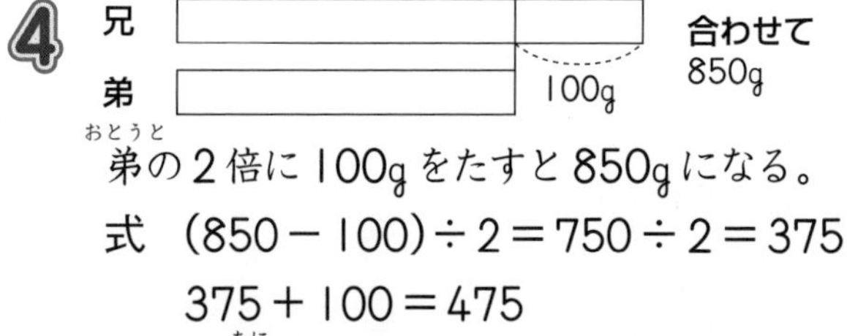

弟の2倍に100gをたすと850gになる。

式　$(850-100)\div 2=750\div 2=375$

$375+100=475$

答え　兄は475g，弟は375g

5

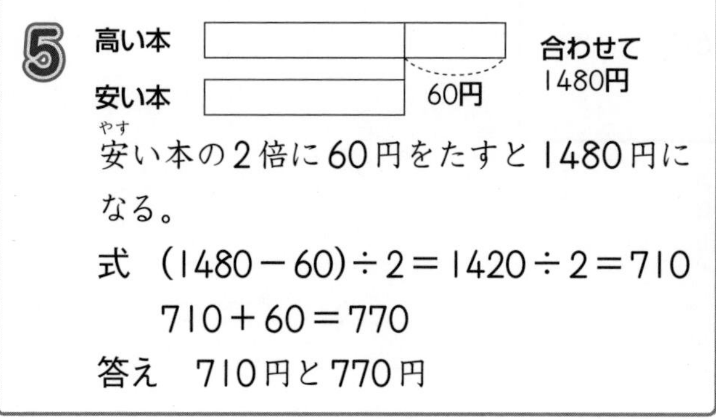

安い本の2倍に60円をたすと1480円になる。

式　$(1480-60)\div 2=1420\div 2=710$

$710+60=770$

答え　710円と770円

考え方・とき方

▶2つの数の和と差がわかっているとき，この2つの数を求める問題を和差算といいます。

2つの数が求まったら，あらためて和と差を求め，答えが正しいかどうかをたしかめます。

たとえば，**1**では，

$19+17=36$（男女の和）

$19-17=2$（男女の差）

となり，答えが正しいことがわかります。

43 問題の考え方——④（つるかめ算）

1
50円切手が9まいで，$50\times9=450$（円）
80円切手が1まいふえると，
$80-50=30$（円）ずつふえていく。
式　$(570-450)\div30=120\div30=4$
　　$9-4=5$
答え　50円が5まい，80円が4まい

2
10円玉が20まいで，$10\times20=200$（円）
50円玉が1まいふえると，
$50-10=40$（円）ずつふえていく。
式　$(520-200)\div40=320\div40=8$
　　$20-8=12$
答え　10円玉が12まい，50円玉が8まい

3
クッキーが10こで，$80\times10=800$（円）
ケーキが1こふえると，
$110-80=30$（円）ずつふえていく。
式　$(980-800)\div30=180\div30=6$
　　$10-6=4$
答え　ケーキが6こ，クッキーが4こ

4
3cmのテープ34本で，$3\times34=102$（cm）
5cmのテープが1本ふえると，
$5-3=2$（cm）ずつふえていく。
式　$(120-102)\div2=18\div2=9$
　　$34-9=25$
答え　3cmが25本，5cmが9本

5
60円のみかんが12こで，
$60\times12=720$（円）
150円のりんごが1こふえると，
$150-60=90$（円）ずつふえていく。
式　$(1080-720)\div90=360\div90=4$
　　$12-4=8$
答え　りんごが4こ，みかんが8こ

考え方・とき方

▶**3**では，ぜんぶ安い方のクッキーであると考えると，代金は800円になります。そこで，クッキーを1こへらし，かわりにケーキを1こふやすと，その差である30円ずつふえていきます。代金とクッキーだけと考えたときの差が180円ですから，クッキーをケーキにかえたのは，$180\div30=6$より，6ことなります。
答えが求められると，もう1度，その数で代金を計算してたしかめます。
ケーキは110円で6こ，クッキーは80円で4こですから，
$110\times6+80\times4$
$=660+320=980$
となり，代金980円と等しいですから，答えは正しいです。

44 問題の考え方——⑤(平均算)

1 式　1人分は，

(48＋32)÷2＝80÷2＝40（まい）

兄が弟にあげるのは，

48－40＝8（まい）

答え　8まい

2 式　1人分は，

(610＋450)÷2＝1060÷2

＝530（円）

兄が妹にあげるのは，

610－530＝80（円）

答え　80円

3 式　1つの水とうに入れるお茶の量は，

(740＋240)÷2＝980÷2

＝490（mL）

大きい方から小さい方へ入れるのは，

740－490＝250（mL）

答え　250mL

4 式　1人分は，

(70＋50＋45)÷3＝165÷3

＝55（まい）

妹には，55－50＝5（まい）

弟には，55－45＝10（まい）

答え　妹に5まい，弟に10まい

5 2人合わせた分を3等分して，そのうちの2つ分をみつきさん，1つ分を弟がもらう。

式　弟の分は，

(600＋240)÷3＝840÷3

＝280（円）

みつきさんが弟にわたす分は，

280－240＝40（円）

答え　40円

考え方・とき方

▶ここでは，1人分を求めてから，どれだけわたせばよいかを求めています。別の考え方としては，ちがいを求めるものがあります。たとえば，1では，次の図で考えます。

兄　48まい

弟　32まい

兄と弟のちがいは，

48－32＝16（まい）

この16まいを2人で分けると，

16÷2＝8（まい）

つまり，兄が弟に8まいわたせばよいのです。

2人で分ける場合は，この方法の方がかんたんですが，3人，4人と人数がふえていくと，わかりにくくなります。

内よう	勉強した日	得点	得点グラフ 0 20 40 60 80 100
かき方	10月 24日	74点	
23 整理のしかた ― ①	月 日	点	
24 整理のしかた ― ②	月 日	点	
25 面積 ― ①	月 日	点	
26 面積 ― ②	月 日	点	
27 面積 ― ③	月 日	点	
28 小数のかけ算・わり算 ― ①	月 日	点	
29 小数のかけ算・わり算 ― ②	月 日	点	
30 小数のかけ算・わり算 ― ③	月 日	点	
31 小数のかけ算・わり算 ― ④	月 日	点	
32 分数	月 日	点	
33 変わり方 ― ①	月 日	点	
34 変わり方 ― ②	月 日	点	
35 変わり方 ― ③	月 日	点	
36 変わり方 ― ④	月 日	点	
37 直方体と立方体 ― ①	月 日	点	
38 直方体と立方体 ― ②	月 日	点	
39 直方体と立方体 ― ③	月 日	点	
40 問題考え方 ― ①	月 日	点	
41 問題考え方 ― ②	月 日	点	
42 問題考え方 ― ③（和差算）	月 日	点	
43 問題考え方 ― ④（つるかめ算）	月 日	点	
44 問題考え方 ― ⑤（平均算）	月 日	点